奥村 剛
Okumura Ko

印象派
物理学入門

日常にひそむ美しい法則

日本評論社

　この本は，何より，私たちの行っている研究の面白さを伝えたくて書きました．特に，高校 1 年生になり物理を勉強し始めて身のまわりの現象が式を使って説明できることを知って驚いている人，そろそろ理系に進もうかと思い始めて研究者という職業にも興味が湧いてきた人．そして，大学の物理学科ではどんなことを学んだり研究したりしているのかを少し先取りして知ってみたい人．そんな人たちを念頭において，この本を書き進めていきました．

　いざ，書きあがったものを見直してみると，このような意欲的な高校生だけでなく，大学合格直後の高校生，そして大学生，中学・高校の理科の先生や物理に興味のある一般の方，さらには，企業や大学のプロの研究者や社会で指導的立場にある方々にもぜひ読んでいただきたい内容となりました．研究の面白さに加えて，物理学における新しい潮流・汎用性のある手法を紹介し，現代物理学を俯瞰し，それに対する私なりの歴史観も示しています．

　私は，お茶の水女子大学という小さな歴史のある大学で，長い間，物理学の研究や教育を行ってきています．この大学に，自分の研究室を持ったのが 2000 年 10 月，もう 20 年近く前のことです．赴任当初は，素粒子の理論をベースとして幅広いことに興味を持って，「理論」物理の研究を行っていました．

　現代物理学においては，専門化が進み，基本的には，理論を研究するグループと実験をするグループに分かれています．しかし，物理の理論が正しいか，正しくないかを決定するのは，最終的には実験です．一方，実験には多額の費用と年月がかかることも多くなってきています．このような状況では，理論研究者は，自分の作った理論が正しいのか正しくないのか，自分で確かめることができないことが多くなっています．

　一方，私は，お茶の水女子大学に赴任する少し前に，当時，カリスマ性をもって世界中の研究者に大きな影響を与えていた故ドゥジェンヌ先生（1932〜2007）の研究室に滞在し，共同研究をする幸運を得ました．ドゥジェンヌ先生は，細分化する現代物理学において，他に例をみないほど幅広い分野で卓越した業績を残

ドゥジェンヌ先生と私. Françoise Brochard-Wyart 博士の好意による.

し，1991 年に「現代のニュートン」と讃えられてノーベル物理学を受賞しています．彼は，ノーベル賞受賞講演を「ソフトマター」というタイトルで行い，それがきっかけで，この言葉が分野の名称となったため，彼は「ソフトマターの父」と呼ばれることもあります．私は，このような偉大な科学者と直接コミュニケーションをするなかで「物理学における印象派の精神」にふれ，その素晴らしさに魅了され，虜になってしまいました．この精神とはいわば「印象派画家が詳細を描かないことでかえって美の本質を浮き立たせているように，数学的詳細を大胆に切り落とすことで背後にあるシンプルな物理的本質を浮かび上がらせるというスタイル」です．

　ドゥジェンス先生は理論家ではありましたが，まわりの実験家とつねに対話をして，強い好奇心で次から次へ新らしいアイデアを生み出していました．一方，私は，実験研究の経験は皆無でしたが，小学生の頃から筋金入りの天文マニアとして，望遠鏡の自作や星の写真撮影などの経験がありました．そこで，いまから 15 年くらい前，思い切って，自分の研究室で実験研究を始めてしまいました．その結果，多くの優秀な学生が，目の前の現象の面白さに引き込まれて研究にのめりこんでいき，質の高い実験結果が次々と得られました．私たちはそのデータと，日々，にらめっこしながら一緒に理論を考えてきました．そして，このような共同作業の結果，実験と理論が「迫力のある美しさ」をもって一致することに何度も感動し，その成果を基幹的な国際学術誌に発表してきました．私は，このように，日々，実験と理論を比較し，一喜一憂しながら進めている最先端の研究の中身を皆さんにお伝えして，研究の面白さを知ってもらいたいのです．

　物理学の最先端の研究の内容を，一般の人々に伝えることは，大変に難しいことです．ただ，幸いなことに，「印象派物理学」という手法は，特に，一般の人々にもなじみがあったり，イメージしやすかったりする日常の自然現象にも威力を発揮し，その成果がシンプルなために分野外の研究者にもその成果を分かりやすく伝えることができます．そこで，私たちの研究は，一般の人々に

も，その研究の中身を理解してもらえる可能性がある，とずっと考えてきました．それを，具体的に形にしたものが本書です．

　本書では，まずはじめに，最新の研究例を，個々の物理には深入りせずに二つ紹介し，印象派の方法論を説明します．ついで，西洋絵画の歴史と物理の歴史を比較しながら，印象派物理学とはなんであるかを説明します．そして，表面張力を例に，物理的内容にも立ち入って基礎を紹介，その知識をもとに最先端の研究へ導きます．さらに，理論やシミュレーションの研究の例がメインになりますが，やはり，印象派の精神に支えられた，物質の強靭性にかかわる最先端の研究の理解へと進みます．

　随所に，自分で手軽にできる実験を「実験してみよう」というコラムで紹介しています．これらの実験をしてみることで，理解が格段に深まると思います．ぜひ，億劫がらずにトライして，自分の目の前で見たことを，数式で理解する面白さを味わってください．

　この本を読み進むうちに，大学で，物理を学んで研究者になってみたいと思う人もいるかもしれません．そんな人たちのためにも，最後の章では，大学ではどんな物理を学ぶのか，私はどのようにして物理学者になり，そして印象派物理と出会ったのか，にもふれています．ここでは，現代物理学の歴史，その背景となる物理学者の美意識についても私なりの考えを述べ，物理が芸術の一形態であることを説明します．そして，最後に，先人の言葉を引いて，基礎科学をする心の大切さを説いて締めくくります．

　想定している最低限の知識は，中学までの数学と物理です．それと，高校1年生の前半に学習することが多い，高校の入門レベルの力学の知識があるとよいでしょう．ただ，これらについては念のため，適宜，説明しながらお話しします．なお，これらは，本文の流れとは少しそれる一般的な事柄なので，背景を灰色にして，少し小さい文字で表しますが，記憶が不確かだったり，高校1年生になりたてでまだ学んでいない項目でしたら必ず読んでください．

　なお，少しレベルが高い部分は，　参考　というマークを付けて小さめの字で記しました．この部分は，余力のある人向けですので，難しければ読み飛ばしても，全体が理解できなくなることはありませんので，ご安心ください．

2019 年 10 月　奥村剛

目次

まえがき……ⅰ

第 1 章　身近な現象にひそむシンプルな法則　1

1.1 切り紙がよく伸びるわけ……1
1.2 バブルの引きちぎれ……23

第 2 章　印象派物理学とは　37

2.1 印象派とソフトマター物理……37
2.2 西洋絵画における写実主義と印象主義……55
2.3 物理学における写実主義……56
2.4 物理学における印象主義……57

第 3 章　表面張力の静力学……61

3.1 小さな滴（しずく）の物語……61
3.2 大きな滴（しずく）の物語……80

第 4 章　表面張力の動力学……95

4.1 液体や気体の動力学：ニュートンの運動方程式……95
4.2 ニュートンの粘性力……96
4.3 毛管上昇の動力学……98

第 5 章　最先端の研究：流体・粉粒体編……103

5.1 滴の融合・バブルの破裂……103

5.2 滴・バブルの上昇と下降：抵抗則 ⋯⋯ 124

5.3 微細加工表面への毛管上昇 ⋯⋯ 131

第6章　**物質の強度と破壊力学** ⋯⋯ 135

6.1 応力集中のあらまし ⋯⋯ 135

6.2 線形弾性体 ⋯⋯ 137

6.3 グリフィスの破壊応力と破壊力学 ⋯⋯ 142

6.4 応力集中を表すスケーリング則 ⋯⋯ 147

第7章　**最先端の研究：物質の強靭性編** ⋯⋯ 153

7.1 なぜ，真珠は丈夫なのか？ ⋯⋯ 153

7.2 なぜ，クモの巣は丈夫なのか？ ⋯⋯ 162

第8章　**物理学者の世界** ⋯⋯ 167

8.1 物理学者の美意識の系譜：大学の物理へのいざない ⋯⋯ 167

8.2 芸術・文化としての物理学 ⋯⋯ 182

8.3 現代物理学の社会的インパクト ⋯⋯ 184

8.4 私がたどった印象派物理への道 ⋯⋯ 186

8.5 物理学の楽しみ ⋯⋯ 199

8.6 基礎科学する心 ⋯⋯ 200

おわりに：物理学の無限の可能性 ⋯⋯ 203

あとがき ⋯⋯ 205

参考文献 ⋯⋯ 209

索引 ⋯⋯ 211

第1章

身近な現象にひそむ
シンプルな法則

　まずはじめに，二つの日常的な現象についての最先端の研究を紹介します．ひとつは，折り紙とならび，最近，世界で急速に研究が進んでいる切り紙が伸びるしくみに関する研究です．もうひとつは，バブル（液体中にできた気泡）の引きちぎれです．この現象は，皆さんが水あめやはちみつをすくったときに，日常的に目にしている現象ととてもよく似ています．

　どちらも少し説明すれば，とても親しみを持ってもらえる現象だと思います．できれば，この時点で下の QR コード（または，https://www.nippyo.co.jp/shop/book/8206.html）にアクセスして 2 つのムービーを眺めてみてください．

切り紙のムービー

引きちぎれのムービー

　私は，研究室の学生さんたちとともに，これらの研究に取り組み，これらの現象にひそむ美しい法則を明確な形で世界に示しました．本書では，この二つの例をきっかけに，私たちの研究の数々を示し，皆さんに，物理学の研究の楽しさを味わってもらおうと思います．では，さっそく本題に入りましょう．

1.1　切り紙がよく伸びるわけ

きっかけはスーパーマーケット

　私がこれから紹介する研究を思いついたのは，行きつけのスーパーマーケッ

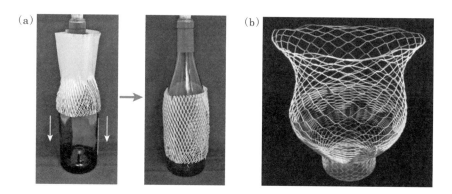

トのおかげです. 2014 年ころからでしょうか, 理由は分かりませんが, この
スーパーでは, ガラスのボトルに入ったワインを買った人に, ワインボトルが
割れにくくなるようにと, 切り紙を利用した緩衝材を配るようになったので
す. 図 1.1a を見てみてください. この緩衝材は, 紙に小さな切れ目を規則的
に配置したものを丸めたものです. これをワインボトルにかぶせると, 立体的
に変形するため, 外からのショックを吸収できるというわけです.

　ここでいう切り紙とは, 紙に規則的に切り込みを入れて, 引っ張ることに
よって, 何らかの立体的な形を作り出すもののことです. 図 1.1b は, 世界中
のミュージアムショップで目にする工芸品です. この花瓶のような形は, 円形
の紙に同心円状に短い切込みを間隔を調節して巧みに配置したものを引っ張
ることでできあがります.

切り紙の基本構造に着目

　私は, 当時, 研究室に入ってきたばかりの学生さんと試行錯誤を繰り返し
て, 切り紙がよく伸びるしくみの基本構造に着目しました. それは, 図 1.2 の
とおりです. この構造には実験で変えることのできる「実験パラメータ」とし
て, 紙の厚み h, 切り紙の切り目の長さ w, 切り目の間隔 d, 切り目の数 $2N$

があります．切り紙の幅は $w + 2d$ で与えました．弾性率 E というパラメータもありますが，これは，同じ種類の紙を使えば，一定に保つことができます（厳密には，温度や湿度によって変化するため，実験データはなるべく短期間に取得しています）．なお，弾性率とは物質のバネのような性質を表す量です．

切り紙の力と伸びの関係：皆さんも作ってみよう！

この構造は d を 1 cm 程度，w を 5 cm 程度，$2N$ を 10 程度に選べば，カッターナイフと定規と紙があれば，皆さんで簡単に作れます．ぜひ作ってみて，その両端を引っ張ってみてください（「**実験してみよう❶**」参照）．

そのとき切り紙の両端にかかる力 F と切り紙の伸び Δ の関係を示したのが図 1.2 のグラフです．伸びが小さい領域を拡大した図を見てください．力と伸

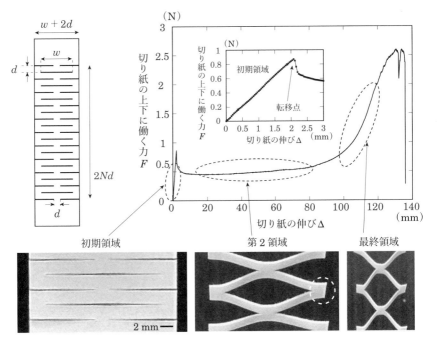

図 1.2　私たちが研究に用いた切り紙の基本構造と，それを引っ張ったときの力と伸びの関係．下段の真中の写真の破線で丸く囲んだ部分を見ると切り紙の「ミミ」の部分が回転して平面外に変形していることが分かる．Isobe & Okumura, *Sci. Rep.*, 2016, http://www.nature.com/articles/srep24758 より転載（CC BY 4.0）．

びが理想的なバネのようにきれいに比例しています（フックの法則）が，ある伸びのところ（転移点）で力が急激に落ち，そのあとにほぼ平らな領域が続いています．

　図 1.2 の（拡大していない方の）グラフを見ると，さらに引っ張り続けるとふたたび力が上昇して，グラフの右端（Δ が 140 mm の付近）では切り紙構造がちぎれ始めています．はじめの比例している部分を線形領域，あるいは，初期領域，その終点を転移点と呼ぶことにしましょう（比例関係のことを大学では線形関係と呼ぶことがあります）．

平面内変形から平面外変形への転移

自分で作った切り紙を，何度も伸ばしたり戻したりして観察するとすぐに気づくと思いますが，初期領域では，紙は平面性を保っています．ところが，転移点を過ぎると，切り紙の部分（ユニット）が回転し始め，その結果，紙の平面性が失われます（図 1.2 とそのキャプション参照．1 ページで紹介した切り紙のムービーを見直してください）．

この平面内の変形と平面外の変形にはどんな違いがあるのでしょう．平面内の変形では正面から見ると図 1.3a のように見えますが，これを横から見ても平らなままです．一方，図 1.3b の平面外の変形では，その一番右の側面図に示したように横から見ると厚みがあります．この変形は，図 1.2 のキャプションで「ミミ」と表記した部分が回転していることで可能になっています．ぜひ，この違いを，自分で切り紙を作って伸ばして，観察してみてください！

ここで伸ばされた切り紙にたまるエネルギーについて考えてみましょう．まずは，中学の物理でふれるフックの法則を思い起こしましょう．この法則は，バネの両端にかかる力 F と伸び x が比例関係にあることを表すもので，式を使うと次のように書けます．

$$F = Kx \tag{1.1}$$

比例定数 K はバネ定数と呼ばれます．また，バネに蓄えられるエネルギーは

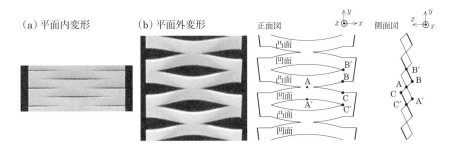

図 1.3　（a）変形が小さいときに見られる平面内変形．（b）変形が大きいときに見られる平面外変形．右端が側面から見た図で，そのほかが正面から見た図．Isobe & Okumura, *Phys. Rev. Research.*, 2019, https://journals.aps.org/prresearch/abstract/10.1103/PhysRevResearch.1.022001 をもとに作成．

$$U = Kx^2/2 \tag{1.2}$$

で与えられます。エネルギーは伸びの2乗で与えられるのです。

これと同様に，切り紙も Δ だけ伸びていたら，切り紙にも Δ の大きさに応じたエネルギーがたまっているのです。ただし，このエネルギーと Δ の関係は平面内変形をしているときと平面外変形をしているときとでは異なってきます。

これらのエネルギーを厳密に求めることは難しいのですが，私たちは二つの極限を仮定しました。ひとつは，d は h よりも十分大きいという仮定で，これを $d \gg h$ と表します。これは紙という材質は薄いということから納得できます。もうひとつは，w が d よりも十分大きいという仮定です。これは，$w \gg d$ と表されます。

この問題のように，w, d, h などの問題を特徴づける長さがいくつもあるときには，それらの大きさが十分に分離していることを仮定すると問題が簡略化することがよくあります。今の場合，$w \gg d$ かつ $d \gg h$ という「極限」を考えていますが，このような状況を指して「長さスケールが互いに十分に分離している」と表現したりします（長さスケールの分離）。これから本書においていくつもの例を見ることになりますが，こうした「実験パラメータ」の極限にだけ着目することで，シンプルな結果を得ようとするのは，印象派物理学の基本的な精神です。

さて，私たちは，このように「印象派の精神」にのっとり上述の極限に着目したことで，切り紙にたまったエネルギーを，シンプルな数式で表すことに成功しました。その結果，平面内変形をしているときのエネルギーは，理想的なバネと同様に伸びの2乗に比例することがわかりました。一方，平面外変形をしているときのエネルギーは伸びに比例することが分かりました。平面内変形しているときには伸び Δ が2倍になるとエネルギーは4倍になりますが，平面外変形をしているときには2倍にしかならないというわけです。

ここで，$y = x^2$ と $y = x$ のグラフを重ねて書いてみましょう（あとにでてくる図1.6aを見てもらっても構いません）。すると，$x = 1$ のところで大小関係が入れ替わりますね。これと同様の事情で，変形が小さいうちは平面内変形のエネルギーがより小さく，ある伸びのところで両者の大きさが入れ替わり，

今度は，平面外変形のエネルギーが小さくなることが分かります．このことと，物理的にはエネルギーのより低い状態が実現するはずであることを考え合わせると，変形が小さいうちは平面内変形が実現し，エネルギーの大小関係が入れ替わる伸びが転移点に相当し，それより大きな伸びでは平面外変形が実現することが期待されます．

転移点と切り紙のばね定数を記述する理論式

このようにして，伸びの入れ替わる点を転移点とみなすことで，転移点での伸び（これを Δ_c とします）を表す数式を得ることができます．さらに，初期領域のバネ定数 K も導くことができました．これらの式は，当然ながら，切り紙の厚み h，切り込みの幅 w，切り込みの間隔 d，切り込みの数 $2N$，そして紙の弾性率 E に依っていて，詳しく計算してみると，次のように書き表せることがわかりました．

$$K \simeq \frac{Ed^3h}{w^3N} \tag{1.3}$$

$$\Delta_c \simeq 2Nh^2/d \tag{1.4}$$

ここで，記号についていくつか説明します．まず，$\simeq$ という記号は，両辺は次元が等しく，大きさの程度（オーダー）も大体等しいが，正確な計算からしか決まらない（次元を持たない）数値係数が省略されているという意味を表します（次元については 11 ページ参照）．つまり，$Y \simeq X$ は，通常の等号を使って書くと $Y = kX$ と書け，k は Y に X にも依らない数値となります．つまり，式（1.4）は $\Delta_c = k'2Nh^2/d$ と書け，k' は，その他のすべての文字（Δ_c, N, h, d）のいずれにも依らない定数であることを表します．なお，d^3 は d の 3 乗であり d を 3 回かけたもの（$d \times d \times d = d \cdot d \cdot d$）を表します．なので，$w^3 = w \cdot w \cdot w$ です．

実験データの収集

この式が，現実のデータを説明できるかを確かめるために，実験パラメータ N, d, w, h をいろいろと変えて，K や Δ_c の測定を行いました．バネ定数 K に

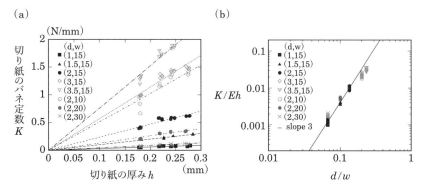

図 1.4　(a) 切り紙のバネ定数 K を紙の厚み h の関数として示したもの. (b) 左のプロットの
データを「理論に従って軸を取り直す (10 ページ参照)」ことで再度プロットしたもの. Isobe
& Okumura, *Sci. Rep.*, 2016, http://www.nature.com/articles/srep24758 より転載 (CC BY
4.0).

関してその結果を，紙の厚み h の関数として示したのが図 1.4a です．式 (1.3)
は，$K \simeq [Ed^3/(w^3N)]h$ と書けますが，この予言の通りに，K は h に比例し
ており，その比例定数が $Ed^3/(w^3N)$ で表されます．直線で結ばれたデータは
この比例係数が等しい実験パラメータで得たデータです．いろいろな傾きに
応じたデータがあるので，データはばらばらに散らばります．

実験と理論の比較

　図 1.4a と同じデータを縦軸に K を Eh で割った値である $K/(Eh)$ をとり，
横軸に d/w をとって対数軸で表示したものが図 1.4b です．一部の白抜きの
マークで表されたデータをのぞき，すべてのデータがひとつの直線に集まって
きている (「収斂 (しゅうれん)」している) ことが分かると思います．これ
は，実験と理論の明確な一致を示しています．このことを理解するために，式
(1.3) の両辺を Eh で割ってみると

$$\frac{K}{Eh} \simeq \frac{Ed^3h}{w^3N} \cdot \frac{1}{Eh} = \frac{1}{N} \cdot \frac{d^3}{w^3} = \frac{1}{N} \cdot \left(\frac{d}{w}\right)^3 \tag{1.5}$$

となります（d^3/w^3 は d/w を 3 回かけたものに等しいことに注意）．したがっ
て，次式を得ます．

$$K/(Eh) = c(d/w)^3 \qquad (1.6)$$

ここで，c は $1/N$ に比例する無次元の数値ですが，今は，$N = 10$ のときの
データだけを考えているので，実験データと比べるうえでは一定の数とみなし
て構いません．c は無次元であり，d/w も無次元ですので，右辺は無次元です．
物理法則では両辺の次元は必ず等しいので（11 ページ参照），実は，左辺も無
次元であることが分かります．つまり，両辺を Eh で割ることにより，両辺が
無次元量になりました．このような操作のことを「無次元化」と呼びます．つ
まり，理論的予言式（1.3）を無次元化して式（1.6）を得たわけです．

　この関係式（1.6）は，$y = K/(Eh)$ とおき $x = d/w$ とおけば，$y = cx^3$
となりますね．ということは，関係式（1.6）を満たしているデータを縦軸に
$K/(Eh)$ をとり，横軸に d/w をとってグラフにすると，そのようなデータは
すべて $y = cx^3$ の上に乗るはずですね．さらに，関係式 $y = cx^3$ を図 1.4b に
使っている「両対数軸」というもので表示すると，傾き 3 の直線になります
（このことは後で説明しますが，図 1.6b でも例を示します）．そして，図 1.4b
にひいてある直線の傾きは 3 です．つまり，図 1.4a では，ばらばらだったデー
タが，理論的予言式（1.3），あるいは，それを無次元化した式（1.6）を満たし
ているために，図 1.4b においては，一部のデータを除き，すべてのデータが
傾き 3 の一つの直線に「収斂」したのです．

　なお，一部のわずかにずれているデータも実は，理論をサポートしていま
す．なぜなら，これらのデータは，理論式を導く際の前提である条件の「d が
w より十分小さい」という条件を満たしていないのです．だから，ずれが生じ
てもおかしくありません．

　確かに，私たちの実験では，d は w に比べそれほど小さいわけではありませ
ん．私たちは，この比が $1/5$ 倍程度あれば，この式が十分よく成り立つことを
見出しました．この背景にあるのは，式（1.6）においてこの比の d/w が 3 乗
の形で現れているという事実です．$1/5$ は 3 乗すればとても小さい数になりま
すね．この例から，「数学的な大小関係の極限のもとで導かれた式は，現実に
は，かろうじてでも大小関係がついていればよく成り立つこともある」ことが
わかります．

データコラプス：実験と理論の明確な一致

上に見たような，図1.4aからbへのデータの「収斂」を，専門用語ではデータコラプスが起こったといいます．また，上に見たように，理論式に基づいて，もとのグラフの縦軸と横軸を取り直すことを「理論に従って軸を取り直す」ということにします（図1.4のキャプション参照）．

図1.5においても，aからbへデータコラプスが起こっていることが分かりますが，この図は式（1.4）に示した$\Delta_c \simeq 2Nh^2/d$を確立する結果です．どうしてそう言えるのかは，図1.4の例にならって考えてもらえばわかると思いますので，練習問題だと思って考察してみるとよいでしょう．

コラプスとは崩壊するという意味ですが，風船などがしぼむという意味もあります．データコラプスという言葉は，ばらばらだったデータがひとつの線上にしぼんでいく様子を表しています．その線，もっと一般的には曲線（カーブ）のことをマスターカーブといいます．論文では，「ばらばらだったデータがマスターカーブに収斂する」，という表現をよく使いますが，これは実験と理論が明確に一致したことをだれの目にも明らかにするものです．苦労して得たデータが，美しいほどにデータコラプスを起こすことは，研究者にとって，何事にも代えがたいほどの知的喜びです．

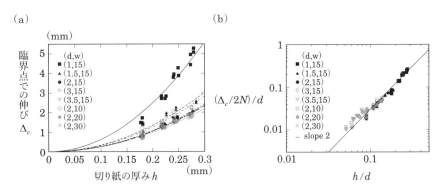

図1.5 （a）切り紙の臨界点での伸び Δ_c を紙の厚み h の関数として示したもの．（b）aのプロットのデータを「理論に従って軸を取り直す」ことで再度プロットしたもの．Isobe & Okumura, *Sci Rep.*, 2016, http://www.nature.com/articles/srep24758 より転載（CC BY 4.0）．

●物理法則と次元

ここで，確認しておきたいことがあります．それは，物理法則と次元についてです．ここでいう次元という言葉は，一次元空間，二次元空間という次元という意味ではありませんので，馴染みが薄いかもしれませんが，ある物理量が単位を持っているとき，その物理量は次元を持っているといいます．たとえば，メートル（m）という単位を持った量は，長さの次元を持つといいます．物理には，いろいろな単位が現れますが，基本的な単位は長さ，時間，質量の次元に対応する単位である，メートル（m），秒（s），キログラム（kg）の単位を組み合わせて作ることができます．たとえば，力の次元に対応するN（ニュートン）は kg·m/s^2 と定義されています（s^2 は s の 2 乗と呼ばれ s を 2 回かけたものであり，s×s または s·s と同じ意味です）．これを使うと，圧力の次元に対応する単位パスカル Pa は，N/m^2 であり

$$\frac{\text{kg} \cdot \text{m}}{\text{s} \cdot \text{s}} \times \frac{1}{\text{m} \cdot \text{m}} = \frac{\text{kg}}{\text{m} \cdot \text{s}^2} \qquad (1.7)$$

となり，やはり，m, s, kg だけで書けます．このようにすべての単位をこの 3 つの単位だけで表すことを「MKS 単位系」を使うといいます．ここで MKS は，3 つの基本単位 m, kg, s の頭文字から来ています．一方，長さの次元を持つ単位は，センチメートル（cm）やインチなどいろいろあります．統一しておかないと混乱のもととなるので，この本では次元を考えるときは，「MKS 単位系」を基本にします．

物理法則の例として，多くの場合，高校の 1 年生の前半に学習する，ニュートンの運動方程式を考えましょう．この式は，力 F と加速度 a が比例関係にあることを表す次の

式です．

$$F = ma \qquad (1.8)$$

この比例定数が物質の質量 m となりますが，この単位は kg であり，質量の次元を持っています．

さて，ここで再確認したい重要事項は，「物理法則を正しく表す数式において両辺の次元（単位）は等しい」という事実です．左辺の単位は N です（力の次元を持つ）が，右辺の単位は，加速度の単位が m/s^2 であるため，kg·m/s^2 です．N という単位は（この法則によって）kg·m/s^2 と定義されています．ですので，物理法則であるニュートンの運動方程式において，両辺の単位が等しいことが確かめられました．

さて，皆さんがおそらくアインシュタインの式として目にしたことのある「エネルギーと質量の関係」を表した式である

$$E = mc^2 \qquad (1.9)$$

では，両辺の次元はどうなっているでしょうか？　右辺の m は質量の次元を持つのでその単位は kg です．右辺の c は光の速度を表すので速さの次元を持ち単位は m/s です．したがって，右辺の次元は，

$$\text{kg} \cdot \frac{\text{m}}{\text{s}} \cdot \frac{\text{m}}{\text{s}} = \left(\text{kg} \cdot \frac{\text{m}}{\text{s}^2} \right) \cdot \text{m} = \text{N} \cdot \text{m}$$
$$(1.10)$$

となり，力（N）と長さ（m）を掛け合わせた単位です．これは，エネルギーが「力に移動距離をかけたもの」と表せることを思い起こせばエネルギーの単位であることがわかります．これで，少なくとも次元の観点からは，質量に関係した mc^2 という量は確かにエネルギーであることが分かりました．

● $y = x^n$ と x^{-n} のグラフ

ここでは, n は正の整数とします ($n = 1, 2, 3, \cdots$). まず, $y = x^n$ について x が正のときを調べましょう. このとき, y は x の単調増加関数です. $x = 1$ では, n にかかわらず $y = 1$ となりますね. $x < 1$ では, n が大きいほど小さく, $x > 1$ では, 反対に, n が大きいほど大きくなります ($x = 1/2$ や $x = 2$ を $y = x^n$ に代入して確かめてください). その結果, グラフは図 1.6a のようになります. なお, あとで説明するように,「両対数軸」を使って, これらのグラフを書くと図 1.6b のように傾き n をもった直線になります. ここで, 両対数軸のグラフにおける傾き n とは, 10 倍毎に等間隔に振られている目盛で目盛 1 つ分, 右へ移動すると, 縦軸方向には目盛 n 個分移動することを指します.

つぎに, $y = x^{-n}$ について, やはり, x が正のときを調べましょう. x の右肩に乗っている数字を指数といいますが, これがマイナスになっています. これは, 高校 2 年生くらいで学習するようですが, 別に難しいことはなく, 次のような定義になっています.

$$x^{-n} = \frac{1}{x^n} \qquad (1.11)$$

ですから, このときは y は x の単調減少関数となり, $x = 0$ で正の無限大に発散し, x が大きくなるとゼロに近づいていきます. やはり, $x = 1$ では, n にかかわらず $y = 1$ となりますが, 今度は, $x < 1$ では, n が大きいほど大きく, $x > 1$ では, n が大きいほど小さくなります. その結果, グラフは図 1.7a のようになり, やはり, 両対数軸を使って書くと図 1.7b のように負の傾き $-n$ をもった直線になります.

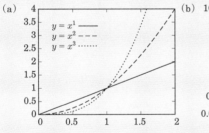
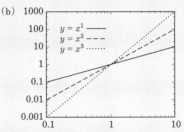

図 1.6　(a) $n = 1, 2, 3$ のときの $y = x^n$ のグラフ. (b) 両対数軸を取って a のグラフをプロットしたもの. なお, x^1 と x は同じものである.

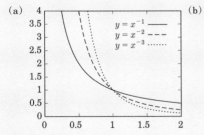
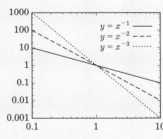

図 1.7　(a) $n = 1, 2, 3$ のときの $y = x^{-n}$ のグラフ. (b) 両対数軸を取って a のグラフをプロットしたもの.

スケーリング則とは？

このように私たちの研究では，式（1.4）に対しても，同様にきれいなデータコラプスを示しました．図1.4と図1.5に示した二つのデータコラプスによって，式（1.3）と式（1.4）が，実験と理論の明確な一致によって示されたのです．ここでこれらのスケーリング則と呼ばれる式について考えてみましょう．

式（1.3）と式（1.4）のように，ある物理量（式（1.3）ではK，式（1.4）ではΔ_c）が，着目している現象にかかわる物理パラメータ（E, d, w, h, N）のそれぞれに「べき乗」の形で依存している法則をスケーリング則といいます．ある変数xの「べき乗」とはx^αという量です．今までに出てきている2乗や3乗は，それぞれ$\alpha = 2$と3に相当しますので，べき乗の一種です．そして，着目する量yが変数xの「べき乗則」で与えられるとは，次の関係式が満たされるときです．

$$y = kx^\alpha \tag{1.12}$$

ここでkはxにもyにも関係のない定数であり，αは「べき指数」と呼ばれ，分数で表される有理数でも，そうでない無理数でもよいし，符号もプラスでもマイナスでも構いません（たとえば，式（1.3）では，$y = K, x = d$を考えるとαは3です．この式でxにとる変数を別のパラメータにかえてもαの値が変わるだけで式（1.12）の形にかけます．58ページの式（2.2）も参照）．この式を$\simeq$という記号を使って

$$y \simeq x^\alpha \tag{1.13}$$

と書くことは，すでに説明したとおりです．

べき乗則のイメージをつかむためにαが整数である場合を考えましょう．たとえば，$\alpha = 1$のとき．これは，比例関係$y = kx$を表します．$\alpha = 2$のときは，$y = kx^2$で放物線．$\alpha = -1$のときは反比例関係$y = k/x$です．なお，αが整数でないとき，たとえば，$\alpha = 2.51$のときには，$y = kx^\alpha$は，$y = kx^2$と$y = kx^3$の中間のようなふるまいをします．これらの3つのグラフを書くと$y = kx^{2.51}$は，$y = kx^2$と$y = kx^3$の間に描かれることになります（図1.6を見直してみてください）．また，詳しくは後で説明しますが，この図でも$k =$

1 の場合の例が示されているように（b の図のことです），関係式 $y = kx^\alpha$ が成立するときには，x と y の関係式を両対数軸で表示すると傾きが α の直線となり，その y 切片は k の値で決まります．

では，なぜ，べき乗則をスケーリング則と呼ぶのでしょうか？　それは，スケールするという言葉の意味を理解するとわかります．スケールするとはこの場合「大きさが変わる」というニュアンスです．ですから式（1.12）では，物理量 y は変数 x の大きさの変化につれて x^α でその大きさがスケールすることを示しています．そのためスケーリング則と呼ばれるのです．

この理解にもとづいて，私たちの研究で確立された式（1.3）と式（1.4）が，スケーリング則であることを確かめましょう．まず，式（1.4），すなわち，$\Delta_c \simeq 2Nh^2/d$ について考えてみましょう．この式では，転移点での伸び Δ_c という長さの次元を持つ物理量が，長さの次元を持つ紙の厚み h の 2 乗に比例し（Δ_c は h^2 にスケールする），同じく長さの次元を持つ切れ目の間隔 d に反比例している（Δ_c は d^{-1} にスケールする）ことを表しています．また，切れ目の数 $2N$ にも比例していますが，これは，次元を持たない数です．したがって，右辺の次元の h^2/d は，左辺 Δ_c の次元と等しく，この法則は次元的に正しいことも確かめられます．

同様にして，式（1.3），すなわち，$K \simeq Ed^3h/(w^3N)$ もスケーリング則であることがお分かりいただけると思います．なお，この式が次元的に正しいことを使うと，弾性率 E の次元が調べられます．物理量 K の次元はばね定数です．式（1.1）のフックの法則によれば，ばねの両端の力（N）は，バネ定数 × のび（m）で与えられることから，ばね定数の単位は N/m です．一方，$d^3h/(w^3N)$ の単位は，d, h, w がいずれも長さの次元を持ちますので，

$$d^3h/w^3 \text{の次元} = \frac{(\text{m} \cdot \text{m} \cdot \text{m}) \cdot \text{m}}{\text{m} \cdot \text{m} \cdot \text{m}} = \text{m} \qquad (1.14)$$

であることがわかります．つまり，d^3h/w^3 の単位は m ですが，N は無次元であるため，$d^3h/(w^3N)$ の単位は m です．このことと，$K \simeq Ed^3h/(w^3N)$ の両辺の単位が同じ N/m であることから，弾性率 E の単位は N/m^2 であることがわかりますね．ちなみに，これはパスカル（Pa）という圧力の単位になっています．

なお，データコラプスを導くときには，式 (1.6) のように無次元化すると便利です．この場合には，$y = K/(Eh), x = d/w$ とみなすことで $\alpha = 3$ となります．図 1.4 では，このことを利用して，データコラプスを導きました．

　この方法はひと通りではなく，物理的に同等のスケーリング則を表す式 (1.3) に着目して，縦軸に $y = K$，横軸に $x = Edh^3/(w^3N)$ を取って，比例関係のグラフになることを確かめても，スケーリング則の確認ができます．ただし，広い範囲で法則が成立することを見るには（比例関係であっても）両対数軸を利用することが賢明です．このことについては 32 ページでも取り上げます．

スケーリング則の有用性

　さて，スケーリング則，式 (1.3) と式 (1.4) が明らかになった効用とは何でしょうか？　これらの式は，シート状の材料に規則的に切り込みを入れることで，材料のばねとしての性質（弾性率）を調節できることを意味しています．特に，初期領域では，平面外への変形が起こらないため，文字通り，シート状のまま伸びます．つまり，これらの式を使えば，シート状の材料の材質を変えることなく，自在にバネの性質（弾性率）が調整できるのです．また，どのくらいの伸びまで，この式が使えるかの限界も考慮しながら調整することができます．しかも，法則が「スケーリング則」としてわかっていますから，どのパラメータを動かせば，どれくらい効率よく，好みの方向へ調整できるかも分かります．たとえば，式 (1.3) の $K \simeq Ed^3h/(w^3N)$ においては，d を 2 倍にすると K は，2 の 3 乗である 8 倍も変化することが分かります．ところが h を 2 倍にしても K は 2 倍にしかなりません．w を 2 倍にすると，今度は 8 分の 1 になります．

　一般にスケーリング則において，着目するパラメータの「べき指数」の絶対値が大きいほど，そのパラメータにより敏感になります．d はべき指数の絶対値が 3 であるのに対し，h のべき指数は 1 なので，K は，d の変化に敏感に反応しますが，それにくらべ h の変化には敏感ではありません．なお，$1/w^3$ は，式 (1.11) で説明したように w^{-3} と書くこともできるため，w のべき指数は

−3 であり，その絶対値は 3 となりますので，上に見たように，K はやはり，h の変化よりも w の変化により敏感に反応することになります．

　もし，スケーリング則が分かっていなかったら，ある物理量を望みの値に調整するには大変な時間とコストがかかります．多くのトライアル・アンド・エラーを繰り返す必要が出てくるからです．企業の開発現場で，実際にこのような式にもとづいて開発が進められてきたことは，いままではほとんどないと思います．それは，現実の複雑な現象では，よりどころにできるシンプルな「スケーリング則」などあるはずがない，と皆さんが常識のように思ってきたからではないでしょうか？　実際，私も 10 年くらい前まではそのように信じていました．ところが，実際には，そうでもなく，「スケーリング則」は，世の中に転がっている，というのが最近の私の実感であり，このことを広く多くの人に知ってもらいたいというのが，このような一般向けの本を書きたいと思った動機でもあるのです．

　妄想をたくましくすれば，私たちの切り紙の研究結果は，最先端の医学に役立つ可能性もあります．現代においては，移植手術において，細胞のシート材料がシールのように使われるそうです．この細胞シートに切り紙の技術を応用して，シートの弾性率をシールを張る臓器などの本来の弾性率にうまく合わせることで，手術の成功確率を上げることもできるかもしれません．なお，切り紙構造を作るために，シートができてから，切り込みを入れる必要は必ずしもありません．培養段階で，切れ目ができるような工夫をしておくことで，細胞にダメージを与えずに，切り紙構造を仕込むことも可能と考えらえます．

このセクションのまとめ

　ずいぶんといろいろな新しい事柄が出てきましたね．これらの概念は，これからも繰り返しでてくるので，ここで，すこしまとめておきましょう．物理法則において両辺の次元が等しいことを復習し，単位と次元について学びました．それから，切り紙の研究を例にとり，実験においては，ある物理量に着目し，それに関係する実験パラメータを変えて，いろいろな状況で実験してみることが重要なことを述べました．そして，ついでに式が簡単になるように「長

さスケールの分離」を仮定し，その仮定が成立する場合に着目することが重要なことも述べました．これは，別の言い方をすると，極限に着目するということです．

このように実験パラメータの極限に着目することでシンプルな結果を得ようとすることが印象派物理学の基本的な精神であることも説明しました（6 ページ参照）．実際，私たちの切り紙の研究では，その結果，スケーリング則というべき乗則が導かれました．そして，スケーリング則がわかると，いろいろな条件で得たばらばらだったデータのプロットが，その軸を無次元化して取り直すことによって，美しいデータコラプスが導かれ，実験と理論の明確な一致を示すことができることを説明しました．

このセクションの補足

さて，いままで，後で説明するといってきた事柄があります．それは，図 1.6b ですでに例をお見せしていますが，「$y = kx^\alpha$，あるいは，$y \simeq x^\alpha$ という関係式があるときには，x と y の関係式を対数軸で表示すると傾きが α の直線となり，その y 切片は k の値で決まる」ということです．「対数軸で直線で表されるものがべき乗則あるいはスケーリング則であり，その傾きがべき指数に対応する」といってもかまいません．この小節ではこれについて説明します．

この節はやや程度が高いかもしれません．一方，これらの事実を知識として認めてもらえば，この本を読みとおすことはできると思いますので，難しく感じた人は，事実を知識として認めたうえで，この節は読み飛ばしてください．

まず，対数関数 $y = \log x$ の基本的な性質を紹介しましょう（この本では，底が 10 である常用対数しか扱いません）．$y = \log(x)$ と書くこともあります．紛らわしいときにはかっこをつけると考えてください．この関数は x が正の場合だけに定義されます．重要な性質は次の三つです（$A, B > 0$）．

$$\log(AB) = \log A + \log B \tag{1.15}$$
$$\log A^\alpha = \alpha \log A \tag{1.16}$$
$$A = B \Longleftrightarrow \log A = \log B \tag{1.17}$$

第 3 番目にある $\Longleftrightarrow$ という記号は，その左右にあるものが数学的に同値であ

るということです．いいかえれば，右のものが成り立つなら，左のものが成り立つし，その逆も正しい，ということを表しています．

さて，これらの性質を使って，$y = kx^\alpha$ を操作してみましょう．まず，式 (1.17) から，$\log y = \log(kx^\alpha)$ となりますがこの左辺は，式 (1.15) によって，$\log k + \log x^\alpha$ と分解できますが，第二番目の項は式 (1.16) から $\alpha \log x$ と書けます．つまり，次の式を得ます．

$$\log y = \log k + \alpha \log x \qquad (1.18)$$

したがって，$Y = \log y$, $X = \log x$, $K = \log k$（定数）とすると

$$Y = K + \alpha X \qquad (1.19)$$

となります．つまり，縦軸（Y 軸）に $\log y$ をとり，横軸（X 軸）に $\log x$ をとると，傾きが α で，y 切片が K の直線になりますね．したがって，式 (1.18) あるいは式 (1.19) は，確かに「$y = kx^\alpha$ を両対数軸でプロットする（縦軸も横軸も対数軸を取ること）と，比例関係を表す直線のグラフとなり，その傾きがもともとのべき指数 α に一致する」ことが分かります．さらに「Y 切片 K はもとの数値係数 k の対数値 $\log k$ である」こともわかりました．

研究における一喜一憂のドラマ

これまでの切り紙の研究の説明では，あたかも，理論的考察が先にあって，だからこうなるはずだといって，実験をしたら，めでたしめでたし，のような調子で書きました．でも，実際の研究がこのようにとんとん拍子でいくことはまずありません．ただ，他人に自分の研究の科学的価値を理解してもらうため，整理された形で示すことになるので，論文を読んでも，講演を聞いても，なかなか，その背景にあるドラマは伝わってきません．ところが実際の研究現場には，研究者が情熱とエネルギーを注ぎ込んで生まれる，一喜一憂のドラマがあるのです．実際には，一喜「十憂」くらいかもしれないくらい，うまくいかないことも多いのですが，そんな場合こそ，いっそう，「一喜」の価値が高まります．皆さんの中には，数学の難しい問題に粘り強く取り組んで，ある時ふとその問題が解けてとても心躍ったことがある人もいると思います．最先端の

研究を行う上では，そのような状態になれば，少なくともその時点では，「自分が人類で最先端の知見を握った」ことになるわけで，その知的興奮は相当なものがあります．

　一例として，私の懐かしい思い出をお話します．私は，大学を卒業して3年後，ロータリー財団の奨学金を得てニューヨークに滞在して研究をしていました．当時私が所属していた，素粒子論グループには，皆さんもひょっとしてご存知のミチオ・カク先生がいて（日本語に翻訳されている啓蒙書や科学書がたくさんあり，日本で放映される科学番組にも時折登場しています），よくお昼を一緒に食べ，彼の雑談におとなしく耳を傾け，彼の博識と明晰さに驚嘆していたものです．私は，当時，崎田文二先生に指導していただいて，超対称性というある数学的な美しさを持ったモデルについて研究していました．大学から帰って，鰻の寝床のような狭い部屋で，計算を始めた私は，あるアイデアを思いつきました．すると，そのアイデアによって，違った見かけを持っていたモデルが一つの形にまとめ上げられることを見出しました．つぎからつぎへと，自分の予測が正しいことを確かめる計算をしている間，まさにときを忘れ，3日ほとんど寝ずに論文まで書き上げてしまいました．当時は，このような経験が，ほとんど初めてだったことや，若くて体力もあったからこその思い出ですが，このときの興奮は今でも鮮明に覚えています．でも，最近，また，このときと同じくらい興奮して，年甲斐もなく2日間徹夜しました．次の節ではその研究成果についてお話しします．

　私たちの研究は，結果が非常にシンプルな式やグラフで示されるため，こういった事情（研究にはたいていは上手くいかず一喜十憂？のドラマがあること）をよく知っているはずの研究者さえも，私たちの講演の後で，驚いたような面持ちで，次のような質問することがよくあります．はじめから，理論が分かっていて実験を始めるのですか？と．また，どんな風にして，テーマを見つけるのですか，という質問も，研究者からよく受ける質問の一つです．これは日本に限ったことではなく，私がハーバード大学の研究室でセミナーをした後の食事会の席でも，若い研究者たちが「どうしたらKoのようなシンプルな研究ができるか？」について議論が盛り上がったほどです．なお，Koは私のファーストネームで，外国に行くと初対面でもすぐにKoと呼ばれます．ちょ

っと変わった日本語の名前ですが，外国人には発音しやすく，すぐに覚えてもらえます．

　話をもとに戻し，これらの質問に対する答えを，この切り紙の研究についてお話してみましょう．まず，この研究は，冒頭に述べたとおり，私がスーパーでワインを買うたびにもらう切り紙の緩衝材が面白いなーと，常日頃思っていたことから始まりました．そんなときに，何かのきっかけで（良く覚えていないのですが…），カッティングプロッターなるものが世に存在することを知ります．それほど高くないお手頃な機械で，スーパーでもらったような切り紙を作れることを知ったのです．

　すでにお分かりのように，スケーリング則を見つける研究は実験パラメーターを大きく動かさなくてはなりませんので，スーパーでもらった一種類の切れ目配列だけでは研究を進めることができません．しかし，カッティングプロッターを使えばスケーリング則が発見できるかもしれません！　ちょうどそのころ，私の研究室に入ってきた新しい学生さんに，切り紙で何か研究してみない？と持ちかけました．こうして研究が始まったわけですが，まず，上に述べた基本切り紙構造にたどり着くまでに，いろいろな切り紙パターンを試し，試行錯誤を繰り返しました．振り返ってみれば，難しくなさそうにも思えるものの，コロンブスの卵のような難しさは，初めてのものに取り組むときには，いつもついて回るような気がします．

　基本切り紙構造にたどり着いた後は，彼女（新しい学生さん）は，ものすごい集中力を発揮してきれいなデータを取ってくれ，それを説明する理論も無事構築でき，かなり速いスピードで研究が進みました．こうして結果がまとまり始めたので，論文を書こうと思って，他の人たちが書いた関連論文を調べだして，驚愕しました．切り紙を使って，フレキシブルな電極を作ったとか，2010年にノーベル賞で話題になった「グラフェンシート」を使って切り紙を作ったとか，さまざまな論文が，科学の総合誌に 2014 年ころから次々と出ていたのです．

　私たちは，これは急がないと先を越されてしまう，という危機感を覚え，とにかく，論文を世に早く出す，ということを優先し，*Scientific Reports* という雑誌に発表しました．この論文誌は，オープンアクセスといって，世界中のだ

れもがアクセスできますので，興味のある人は，ダウンロードして眺めてみてください（https://www.nature.com/articles/srep24758.eps にあります）．この論文は，この雑誌の編集部に届いたのが 2016 年 1 月 11 日，そして，この論文で発表することが決まった（アクセプトされたといいます）のが 2016 年 3月 23 日です．これは，驚くべきスピードです．その理由を説明しましょう．

●論文を発表するまでの手続き

ここで，将来研究者になりたいとか，研究者の世界について知りたいという人のために，研究をして論文を発表するプロセスについて説明しておきましょう．

私たち物理学の研究者は，通常，国際学術誌に発表します．学術誌に論文を発表するには，ピアレビューという審査を受けます．そのためには，まず論文誌の編集部に論文を投稿します．すると編集部のスタッフが，論文のテーマに詳しいと思われる研究者を数名選び，その論文の審査を依頼します．審査を依頼された審査委員（レフリー，レビューアー）は，論文を読み，その雑誌にふさわしい内容を持っているかを判断し，コメントし編集部に送り返します．審査委員の評価が高ければそのまま受理（アクセプト）され論文掲載が決まることもありますが，たいていは，評価が分かれたり，厳しい注文がついたりします．その場合は，コメントを受けて，論文を改訂して，また，審査を受けます．この過程を，論文が受理されるか却下（リジェクト）されるまで続けます．順調にいっても，1 回目のレビューが来るまでに，投稿から 2 か月程度はかかり，論文掲載まではどうしても半年程度かかるのが普通です．1 年以上かかることもざらです．ですから，この切り紙の論文は大変ラッキーな例でした．そのおかげもあってか，この論文は，切り紙の分野の物理的研究の草分けとして，高い国際的評価を受けるに至っています．

なお，このプロセスにおいて，そして，掲載が決まってからも，審査委員の実名は明かされません．このようにすることで，審査委員は論文について忌憚のない意見を述べることができるようになり，公平性が担保されます．そして，著者らが審査委員からの批判に真剣に向き合うことで，論文の質が向上することも大いに期待できます（その反面，ピント外れな批判を受けることもあ

るのですが・・・）．ちなみに，このような審査は，私にも回ってきて，たいてい忙しいときに限って依頼が来ます．審査委員をしても報酬はもらえません．完全にボランティアです．ただ，研究者としてこのようなシステムを支えることは義務であり，また，最先端の内容をいち早く知ることができるというメリットもあるため，論文の分野が自分の専門分野と著しく異なる，とか，今の忙しさで引き受けたら審査が長引きすぎて迷惑をかけてしまうなどの理由がない限りは引き受けます．

　私は，上述の *Scientific Reports* という雑誌のエディター（編集委員）もしています．この立場では，投稿された論文に目を通し，複数のレフェリーに審査を依頼しなくてはなりません．今度はレフェリーとは逆の立場になるわけで，自分がレフェリーにふさわしいと選んだ研究者がなかなか引き受けてくれなかったりすると，気をもむことになります．エディターの役割は，審査を依頼し，その結果を受けて，論文をアクセプトするかリジェクトするかの判断をすることです．ですので，エディターには，科学の世界においての公平性と正確性，そして迅速性を担う重要な責任があります．といっても，これまた無報酬なのですが・・・．

●研究における国際競争

　切り紙の研究はとても盛んで，競争も激しくなってきています．実は，昨日（2019 年 7 月 30 日）に，この論文の続編がアクセプトされたのですが，この論文のレビューの過程で，あるレフェリーが 2019 年 5 月に書いたと思われるコメントには 2019 年 4 月に発表された関連論文が紹介され，その論文は，この投稿中だった論文と深い関係があっただけでなく，私たちのグループが現在取り組んでいる研究にも深く関係していたのです．それだけ，最先端を走っている証拠かもしれませんが，これは重大事です．なぜなら，似たような研究結果が，他のグループから出てしまうと，新規性に乏しいという理由で，せっかく多大なエネルギーを注ぎ込んできた自分たちの研究を論文として発表しずらくなる（論文誌の審査に通りにくくなる）こともあるからです．

●テーマの見つけ方，研究の進め方

　このように一つの論文が発表されるまでには，さまざまなドラマがつきものです．テーマの選定に関しては，第7章で述べる真珠層の研究の場合のように子供向けの新聞記事の内容がヒントになったこともあります．しかし，一番多いのは，学生さんたちが現象の面白さに引かれて，いろいろ試行錯誤しているなかから，ものになりそうなものをかぎ分けて探し当てることが多いのです．こんな調子ですから，もちろん初めから理論的な目途があることはあまりありません．データとにらめっこしながら，実験と理論を行き来しながら研究を進めていきます．

　「まえがき」でもふれたように，物理の多くの分野では，実験と理論の分業が進んでしまっています．しかし，ソフトマターの分野においては，同じグループで実験と理論を進めているグループも，多くはないものの存在します．あとでもふれますが，私はいろいろな分野で研究してきて，こんなことができるソフトマターの分野に出会えて本当によかったと思っています．

1.2　バブルの引きちぎれ

　さて，切り紙の研究紹介の後，話がずいぶん脱線しましたが，いよいよ，二つ目の研究例を紹介しましょう．もし，お家にはちみつがあったら，いますぐ，パンの上などに垂らしてみてください．そのとき，はちみつが糸を引いて引きちぎれる瞬間をよく観察してください．糸状の部分が形成され，やがて，そこから滴（しずく）が分離する様子が分かると思います．糸状の部分を首という意味でネックと呼ぶことにし，そのサイズを特徴づける長さとして，一番細くなっているところに着目しましょう．この最小径のことをネックサイズと呼ぶことにしましょう．二つ目の研究例は，こんな日常で目にする現象がテーマです．

２つの先行研究：軸対称性のある引きちぎれ

　このような，「はちみつの滴が生まれる瞬間」を高速カメラで撮影してみた
ものが図1.8の連続写真です．細かいことを言えば，この実験でははちみつの
代わりにどろどろの油を使っていますし，液滴を垂らすのにチューブを使って
いますが，物理的には同様の現象です．

　この「引きちぎれ」という現象では，ひとつのものがふたつになっているこ
とが分かりますね．このことを数学の言葉ではトポロジーが変わるといいま
す．したがって，この現象は，トポロジー転移とも呼ばれます．ひきちぎれる
瞬間のことを，臨界点と呼ぶことにしましょう．また，ちぎれる場所のこと
も臨界点と呼ぶことにします．両者の区別を明確にしたいときには，それぞ
れ，「時間的臨界点」，「空間的臨界点」と呼ぶことにします．このとき，滴の
形，そして，滴内部の液体の圧力などの種々の物理量は，数学的に特異なふる
まいをします．たとえば，液体内の圧力は臨界点では無限大に向かって発散す
ることが予言されます（もっとも，この予言のもとになる理論は，第6章で

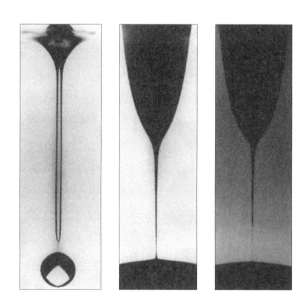

図 1.8　はちみつのようなドロドロの液体が糸状の部分（ネック）からちぎれて分裂し
て生成する様子．Shi, Brenner, & Nagel, *Science*,1994, https://science.sciencemag.org/
content/265/5169/219 より AAAS の許可を得て転載.

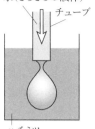
水(さらさらの液体)
チューブ
ハチミツ
(ドロドロの液体)

図 1.9　ドロドロの液体中で生成されるさらさらの液体の滴の様子. Doshi, Cohen, *et al.*, *Science*, 2003, https://science.sciencemag.org/content/302/5648/1185 より AAAS の許可を得て転載.

「連続体」について知るとわかるように，ネックサイズがとても小さくなると成立しなくなるため，現実に発散が起こることを予言しているわけではありません). また，臨界点に向けて糸状の部分（ネック）の先端は鋭く尖っていきます. これは数学的には「微分不可能」な「特異点」が現れることに対応します.

　図 1.9 は，はちみつ（ドロドロの液体）の中に，チューブを差し込んで水滴（さらさらの液体の滴）を作る様子を示しています. 要するに，図1.8 とでは，滴とそれを取り囲む「流体（液体と気体をまとめてこう呼びます）」の粘度の大きさが逆転しています. まわりがさらさらで滴がドロドロだったのが，今度は，まわりがドロドロで滴がさらさらになっています. どちらも滴は上から下に落ちる（滴の方がまわりの液体より比重が大きい）場合でしたが，図 1.9 を上下を逆転して見れば，この場合は，液体中にバブルを作っているのと本質的には同様の現象です.

　図 1.8 と図 1.9 の臨界点付近の様子を比べてください. 見た目にも何かずいぶん違う感じがしますね. 実は，単に見比べただけではわからない決定的な違いがあります. それには後でふれることにして，さっそく，私たちの研究について紹介しましょう.

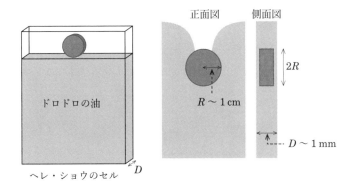

正面図　側面図

ドロドロの油

$2R$

$R \sim 1\,\mathrm{cm}$

$D \sim 1\,\mathrm{mm}$

ヘレ・ショウのセル　D

図 1.10　実験の様子．平べったい容器（ヘレ・ショウのセル）にドロドロの油を入れてその上からセルの厚みと同じくらいの金属の円盤を落下させる．Nakazato, Yamagishi, & Okumura, *Phys. Rev. Fluids.*, 2018, https://journals.aps.org/prfluids/abstract/10.1103/PhysRevFluids.3.054004 より転載（CC BY 4.0）．

私たちの研究：軸対称性のない気体のシートの引きちぎれ

　この研究では，図 1.10 にあるような容器（セル）をアクリルで工作して作りました．厚みが 1 mm くらいで大きさが 10 cm 角くらいの平べったいセルで，ヘレ・ショウのセルと呼ばれます．このセルにドロドロの液体を入れ，その上部からセルの厚みと同じくらいの金属円盤を落下させます．すると円盤は，重力によって液体中に沈んでいきます．その際に，図 1.11 のように，空気が，液体内に引きずり込まれて，やがてちぎれます．ここでもう一度 1 ページで紹介した引きちぎれのムービーを見直してみてください．

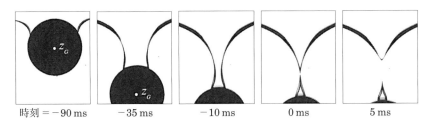

時刻 $= -90\,\mathrm{ms}$　　$-35\,\mathrm{ms}$　　$-10\,\mathrm{ms}$　　$0\,\mathrm{ms}$　　$5\,\mathrm{ms}$

図 1.11　円盤によって空気がドロドロの液体内部に引きずり込まれてちぎれる様子．ms はミリ秒（1000 分の 1 秒）を表す．Nakazato, Yamagishi, & Okumura, *Phys. Rev. Fluids.*, 2018, https://journals.aps.org/prfluids/abstract/10.1103/PhysRevFluids.3.054004 より転載（CC BY 4.0）．

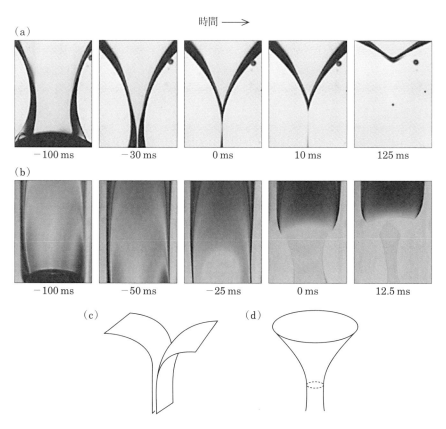

時間 ⟶

（a）

$-100\,\mathrm{ms}$　　$-30\,\mathrm{ms}$　　$0\,\mathrm{ms}$　　$10\,\mathrm{ms}$　　$125\,\mathrm{ms}$

（b）

$-100\,\mathrm{ms}$　　$-50\,\mathrm{ms}$　　$-25\,\mathrm{ms}$　　$0\,\mathrm{ms}$　　$12.5\,\mathrm{ms}$

（c）　　　　　　　　　（d）

図 1.12　（a）正面からの連続写真．（b）側方からの連続写真．ms はミリ秒（1000 分の
1 秒）を表す．（c）シートの分離．（d）円柱の分離．a と b は，Nakazato, Yamagishi, &
Okumura, *Phys. Rev. Fluids.*, 2018, https://journals.aps.org/prfluids/abstract/10.1103/
PhysRevFluids.3.054004 より転載（CC BY 4.0）.

　このときの様子を，さらに拡大して，正面と側方からとらえたのがそれぞれ
図 1.12a と b です（これらのムービーは本書の Web ページ（1 ページの URL
参照）にアクセスして見ることができます）．側方からの連続写真図 1.12b を
見ると，引きずり込まれた空気は，ちぎれる直前に，薄いシートになり，その
空気の薄いシートがちぎれていることが分かると思います．つまり，斜めから
見ると図 1.12c のように見えます．

　この研究は，この点で，上に紹介した過去の先行研究（図 1.8 と図 1.9）と一
線を画しています．前の二つの例は，図 1.12d のように，ネックの部分は円柱

のようです．ですから，回転軸に垂直に切ると断面が円になります．このような場合は，軸対称性を持つといいます．これに対し，私たちの発見したひきちぎれ現象（分離現象とも呼ぶ）では，この対称性がなく，代わりに，図 1.12c のようにシートを形成しています．このことが，とても興味深い発見につながりました．

実験で動かすパラメータ

この現象を，詳しく調べるために，私たちは，いろいろな実験条件で実験しました．この実験を特徴づけるパラメータは，容器の厚み D（mm），円盤の半径 R（mm），液体のドロドロさを表す粘度です．粘度については，ここでは動粘度 ν という量で表し，その単位がセンチストークス（cS）であるという説明にとどめておきます．他にも，円盤の厚みやセルの大きさもありますが，実験の結果，今回の現象は，これらのパラメータに依っていないことが分かりました．

なお，「現象があるパラメータに依っていない（依存していない）」という言葉は，そのパラメータを変化させて実験を行ってもまったく同じ結果になるという意味です．つまり，私たちは，セルの厚み，円盤半径，液体の動粘度という 3 つの実験パラメータに，着目している実験がどのように依存しているかを調べるため，これらの実験パラメータの値をいろいろと変えて（動かして），実験を繰り返したのです．

実験で着目する 3 つの物理量

私たちは，この現象の時間変化を特徴づけるために次の 3 つの量に着目しました．それは，ネックが一番くびれた部分の横幅と高さ，そして，円盤の重心位置です．さらに詳しく説明しますので図 1.13 と対応付けながら丁寧に読んでください．

まず，ちぎれる瞬間（臨界点）の時刻をゼロとしましょう（図 1.13b 参照）．そして，この（すでに説明した）時間的臨界点から少し前の時刻 t で，まだ，

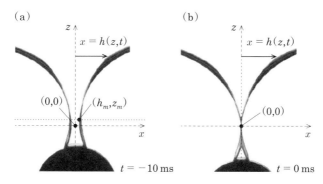

図 1.13 (a) 臨界点の時刻より少し前の様子. (b) 臨界点の時刻の様子. Nakazato, Yamagishi, & Okumura, *Phys. Rev. Fluids.*, 2018, https://journals.aps.org/prfluids/abstract/10.1103/PhysRevFluids.3.054004 より転載（CC BY 4.0）.

シートがちぎれていないときのネックが一番くびれた部分の横幅を $2h_m$ とします（図 1.13a 参照）. また, 空間的臨界点の z 座標をゼロとしたときの, この部分の高さを z_m とします（図 1.13a 参照）. さらに,（時間的）臨界点から少し前の「時刻 t での円盤の重心の z 座標」と「時刻 $t = 0$（時間的臨界点）での円盤の重心の z 座標」の差を z_G とします（要するに, 図 1.13a の円盤の重心座標と図 1.13b のそれとの差です）.

　私たちは, この 3 つの長さが時間の関数としてどう変化するかを, 実験パラメータを変化させながら, 調べたのです.

臨界点近傍では長さスケールがひとつになる

　実験結果は次ページの図 1.14a に示してあります. 驚くべきことに, 着目した 3 つの物理量, ネックの横幅と高さ, それに円盤の重心位置は, 正確に同じであることが分かりました. もっと詳しく言うと, 次の 3 つの式が成立していることが分かったのです.

$$2h_m = -kgD^2t/\nu \qquad (1.20)$$
$$z_m = -kgD^2t/\nu \qquad (1.21)$$
$$z_G = -kgD^2t/\nu \qquad (1.22)$$

ここで, g は重力加速度（$g = 9.8\,\mathrm{mm/s^2}$）, k は次元を持たない数字で 12π 分の 1 に非常に近い数であることが分かりました（この係数の値は, 将来, よ

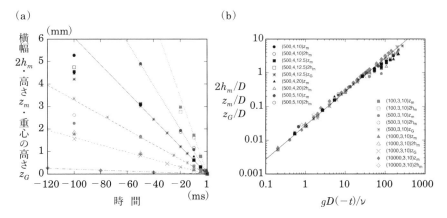

図 1.14　(a) ネックが一番くびれた部分の横幅・高さ，そして，円盤の重心の高さ（臨界点のときの高さを基準とする）の時間変化を，3 つの実験パラメータ（液体の動粘度，セルの厚み，円盤の半径）を変えて調べた結果．(b) 私たちの理論による予言にもとづいて左のすべてのデータを両軸を取り直してプロットしたもの．凡例のカッコ内の文字は動粘度 ν（cS），セル厚み D（mm），および円盤半径 D（mm）を表す．https://journals.aps.org/prfluids/abstract/10.1103/PhysRevFluids.3.054004 より転載（CC BY 4.0）.

り詳細な理論によって証明されるかもしれません！）．これらの式は，実はこれらの法則は円盤の半径 R には依らない（依存しない）ことを示しています．別の言い方をすると，半径 R を変えて実験をして，これらの 3 つの量を調べても同じ結果が得られることになります．

実験と理論の一致：データコラプス

　図 1.14a のデータは，同じ実験パラメータ（D, ν）で得られたデータには同じマークが使ってあります．同じマークはどれも右下がりの直線に乗っていますね．この事実は式（1.20）〜（1.22）に整合しています．つまり，どれも，左辺の量が，$-t$ に比例していて，その比例係数が正の数 kgD^2/ν であることと整合しています．ただし，比例係数は実験パラメータによるので，実験パラメータが違えば，傾きは異なってきて，その結果，実験データはばらばらの右下がりの直線にのります．

　さらに，これらの式が実験結果を説明することを，切り紙の説明ですでに

おなじみの実験データのデータコラプスを利用して，示してみましょう．ま
ず，「無次元化」という操作をします．これらの式は，両辺とも長さの次元を
持っています．物理法則であれば必ず，両辺が同じ次元を持っているはずで，
左辺はいずれも長さの次元を持っているからです．これらの式の両辺を長さ
D で割ることによって，両辺を無次元にしてみるのです．すると次の三つの
式を得ます．

$$2h_m/D = kgD(-t)/\nu \tag{1.23}$$
$$z_m/D = kgD(-t)/\nu \tag{1.24}$$
$$z_G/D = kgD(-t)/\nu \tag{1.25}$$

ただし，ここでは，マイナス符号を t につけて，$(-t)$ という形にしてありま
す．いま着目している，臨界点以前の時刻では t はマイナスの数なので，こう
しておくと $(-t)$ はつねに正の時間変数となります．

　さて，一番上の式 (1.23) が成り立っている場合，縦軸（y 軸）に $2h_m$ の代
わりに $2h_m/D$ という無次元量を取り，横軸（x 軸）に t の代わりに $gD(-t)/\nu$
という無次元量を取ると，どうなるでしょう．すべての点は，$y = kx$ という
グラフの上に乗るはずですね？　横軸は同じ無次元量のまま，縦軸を z_m/D，
あるいは，z_G/D という無次元量にとっても，上の 3 式が成り立っているなら
ば，やはり，すべての点が $y = kx$ というグラフの上に乗るはずです．つまり，
上の法則にもとづいて適切に軸を取り直してやればデータがコラプスするは
ずで，逆に，データがコラプスしたことは，そのもととなる法則が成立してい
ることが示されていることになるわけです．

　確かに，図 1.14b では，軸のラベルは，上に述べたように，縦軸は $2h_m/D$，
z_m/D，z_G/D のいずれか，横軸は $gD(-t)/\nu$ になっていて，すべてのデータ
が一つのマスターカーブに乗っています．両軸対数を取っていますが，3 つの
物理量，$2h_m/D$，z_m/D，z_G/D が同じ y 切片を持つ傾き 1 の直線で表されて
います（書き込んである直線の傾きは 1 です）．一方，すでに，「$y = kx^\alpha$，あ
るいは，$y \simeq x^\alpha$ という関係式」があることと「x と y の関係式を対数軸で表示
すると傾きが α の直線となり，その y 切片は k の値で決まる」ことは，同じこ
とであることを説明しました．したがって，実験データは確かに式 (1.23) ～
(1.25)，あるいは，式 (1.20) ～ (1.22) を満たすことをデータコラプスによっ
て示していることになります．

対数軸のもう一つの利点

ここで，なぜ対数軸が使われているのか，改めて理由を考えてみましょう．対数軸の一つの利点は，もちろん，スケーリング則が直線として表されることです．しかし，実は，対数軸にはもう一つの重要な，スケーリング則には不可欠といってもいい理由があるのです．これについて説明しましょう．

対数軸では，普通の目盛りと違って，10 倍ごとに等間隔に目盛りが振られます（この本では，底が 10 である常用対数しか扱いません）．図 1.14b の横軸を見てください．確かに，0.1, 1, 10, 100, 1000 が等間隔に並んでいますね（このことは式（1.16）に示した関係式 $\log A^\alpha = \alpha \log A$ からわかるので考えてみてください）．縦軸も事情は同じです．このように桁数が変化することをオーダーが変化するといいますが，オーダーが大きく変化する場合には，対数軸はとても便利な軸です．

ちなみに，普通の軸を使って，0.1,1,10,100,1000 をプロットすると 0.1 の付近の変化が分かるように，0.1 を原点から 1 mm の場所に，0.2 を原点から 2 mm の場所に置くことにすると，1 は 1 cm の場所，10 は 10 cm の場所で済みますが，100 は 1 m，1000 はなんと 10 m になってしまいます！　全体を，10 cm におさめようとして，1000 を 10 cm に対応させると，今度は 10 は原点から 1 mm ですが，1 と 0.1 はそれぞれ原点から 0.1 mm と 0.01 mm となって区別がつかなくなってしまいます．このように，対数軸というものが大きさの程度（オーダー）が大きく変化する量をグラフ化するときにとても便利で不可欠なものであることがわかります．

2 つの先行研究の決定的な違い

25 ページに述べたように，先行研究を示した図 1.8 と図 1.9 の決定的な違いは，単に見比べただけではわからないのですが，研究の結果，次の顕著な違いがわかっています．つまり，図 1.8 の場合には，臨界点近傍の滴の形や流体内部の圧力が，液滴やバブルを作るときに使ったチューブの半径に依らないのです．一方，図 1.9 の場合はそれに依存しているのです．難しい言い方をす

ると，図 1.8 の場合は，動力学が，臨界点に向かうにしたがって，初期の記憶を忘れて（はじめにどうやって垂らしたかに依らずに）普遍的になっているのに，図 1.9 の場合はそのようになっていないのです．ここで使った「あまねく」，「広く」という意味を表す「普遍的に」という言葉は，物理学者が大変に好む言葉で，これからもよく使うことになると思います．この理由については，8 章で，大学レベルの物理学を概観するときに，明らかになります．

　もう少しわかりやすく説明しましょう．図 1.8 のように普遍性が現れる場合には，臨界点の時刻を原点として，それより前の時刻のネックサイズや液体内部の圧力などを時間の関数として考えると，大きめのチューブを使っても小さめのチューブを使っても同じ関数で記述されているのです．ところが，図 1.9 では，ネックサイズや液体内部の圧力などを時間で表した関数は，チューブのサイズに依存していて，大きめのチューブを使ったか，小さめのものを使ったかで結果が異なるのです．

　これは切り紙のところでも述べた「スケールの分離」によって，理論が簡単になることがある，ことと関係しています．図 1.8 は，臨界点近傍では特徴的な長さがネックの幅になり，これはどんどん小さくなっていき，臨界点近傍では，チューブの半径とはずいぶん違ってくるから，その半径に対する依存性がなくなるのは，ある意味で自然といえます．しかし，このことは「あたりまえ」ではありません．後でふれるように，スケーリング則が物理学で活躍するようになった大きなきっかけをつくった臨界現象の物理学においては，いくらスケールが分離していようとも，大きなスケールの現象の理論に，小さなスケールが残るのです（これによって「異常次元」という概念が現れますが，別の意味での深遠な普遍性が現れます）．このように「スケールの分離」によって「記憶が失われて」，理論が簡略化し「普遍性が現われる」か否かは物理学者の重大関心事です．

私たちのシートの分離における長さスケール：自己相似性

　さて，これまでの議論から私たちの分離現象においては，3 つの長さについて調べたのにどれも同じ長さ $kgD^2(-t)/\nu$ であり（これを $l(t)$ と表す．式

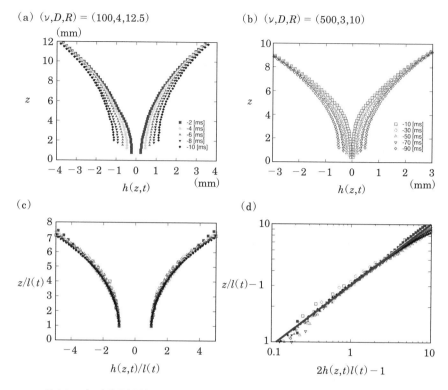

（a）$(\nu, D, R) = (100, 4, 12.5)$

（b）$(\nu, D, R) = (500, 3, 10)$

（c）

（d）

図 1.15　（a,b）臨界点近傍での各時刻におけるネック部分の形状．a と b では動粘性 ν (cS)，セル厚み D (mm)，そして円盤の半径 R (mm) のいずれも異なる（これらの値は図の上に示した）．（c）a,b の形状を軸を取り直して示したもの．（d）c の軸を変更して両対数で示したもの．https://journals.aps.org/prfluids/abstract/10.1103/PhysRevFluids.3.054004 より転載（CC BY 4.0）.

（1.20）〜（1.22）参照），したがって，同じ時間変化をすることが分かりました．もしかして，この場合には，現象を特徴づける長さスケールがただ 1 つになってしまったのではないでしょうか？なお，「ある現象を特徴づけるパラメーター」について，物理では「ある現象はそのパラメーターに支配されている」という言葉遣いをよくします．

　このことを確かめるために私たちは，臨界点近傍のネックの形状を時刻ごとに抽出してみました．その一例が図 1.15a,b に示されています．もし，この形の時間変化が，（時々刻々変化する）ただ 1 つの長さのスケールで支配されているならば，長さの単位をこのただ 1 つのスケールに取れば（両軸をこの長さ

のスケール $l(t)$ で割り算すると），すべての形状が同一になると期待できます．その（時間的に）普遍的な形状を示したのが図 1.15c です．このような時間変化は自己相似的であると呼ばれます．なぜなら，割り算する前のもともとの形は互いに相似だったことになるからです．またこのような動力学は「自己相似動力学」とも呼ばれます．

さらに，このようにして得た図 1.15c の普遍的な形状の関数形も，大学で学ぶ流体力学の方程式をもとに理論を構築すると，べき乗則の形で導くことができてしまいました．これを導出できたとき，私は知的興奮のあまり年甲斐もなく徹夜してしまったのです！

参 考 スケーリング仮説

この普遍形状の関数形を表すべき乗則は，実験データとしても図 1.15d に示されています．両対数軸で見るときれいな直線になっていますね．詳しく言うと，この図では，ネックの横幅を表す $2h(z,t)$ が，

$$\frac{2h(z,t)}{l(t)} = H\left(\frac{z}{l(t)}\right) \tag{1.26}$$

の形に与えられて，さらに，関数 $H(x)$ が $1 + a(x-1)^2$ であることが示されています（このことは，$2h(z,t)/l(t) - 1 = a[z/l(t) - 1]^2$ が満たされることを意味するので，実験データは，縦軸に $z/l(t) - 1$，横軸に $2h(z,t)/l(t) - 1$ を取って両対数軸グラフを描くと傾き $1/2$ になることが期待されます．実際に，図 1.15d のデータが収束している直線の傾きは $1/2$ になっています）．ただし，ここで $l(t)$ は式（1.20）の右辺で定義される量，すなわち，$l(t) = -kgD^2t/\nu$ であり，この現象の臨界点近傍でただ一つ残る長さスケールです．a は実験的に π にきわめて近いことが分かっています．この理由は，いまのところ説明できていませんが，将来，もっと精密な理論で解明されるのではと期待しています．

式（1.26）の形は，あとで詳しくふれる「臨界現象」の理論に現れる「スケーリング仮説」とよばれるものに相当していて，関数 $2h(z,t)$ の t 依存性が $l(t)$ のみを通して現れることを意味しています．このように，バブルの引きちぎれの問題は，臨界現象の物理と数学的な構造がきわめて似ているのです．

軸対称性を持つ液体の分離（ひきちぎれ）には，多くの研究があり，しばしば，初期の記憶が失われ，臨界点近傍では，動力学を特徴づける長さスケールが，「ネック部分の幅」と「ネック部分の軸方向を特徴づける長さ」の二つになることが知られています．これらの二つの長さスケールは時間によって変化するわけですが，各時刻でのネックの形状を図に示す際に，これらの長さを

単位に取る（これらの長さでそれぞれ割り算する）と，普遍的な形状が得られること，すなわち自己相似動力学が現れることが知られていました．しかし，この普遍形状が数値計算を経ずに解析的な計算（文字式による計算）によってシンプルなべき乗の形で決まってしまったのははじめてであり，長さスケールがただ１つになってしまったのもはじめてでした．私たちのこのとてもシンプルな例は，この分野の基礎付けを与える重要な知見として認知されていくことでしょう．

このセクションのまとめ

　このセクションでは，切り紙とはまったく違った，液体の動力学について扱いました．共通する点は，着目する物理量を決めて，それに関連する物理パラメータを変えて実験を行い，対応するスケーリング則を導き，データコラプスを確認することで実験と理論の一致を調べました．また，対数軸に関して，スケーリング則が両対数軸を用いると直線で表されるという利点に加え，オーダーが大きく変化する量を軸に取るときに不可欠な軸であることも説明しました．「スケールの分離」や「極限に着目」することで，理論構造が簡単になる例も登場しました．このセクションで初めて動力学が出てきましたが，自己相似動力学についてもふれました．なにげなくみている流体の動力学に深遠な数理構造が埋め込まれていることを感じてもらえたことと思います．

第2章

印象派物理学とは

　これまで二つの例を通して，身近な現象がスケーリング則という簡単な数式でうまく記述されることが分かって少し驚いたのではないでしょうか？　最先端の研究というともっと難しい数学を使ったり，コンピュータを駆使したりという想像をしていたかもしれません．もちろん，そういう物理学の分野もありますし，一般的には，身近な現象を正確に記述するには複雑な数式，あるいは，数式では書けないような数理構造を持っています．

　では，いったい，なぜ，切り紙や滴は，簡単な数式で驚くほど正確に現象が記述できたのでしょうか？　その秘密は，これまでたびたび強調してきたとおり，現象にかかわる長さなどの物理パラメータが極限的な条件を満たす状況に着目していたことにあります．この章では，印象派物理学というキーワードからこうした研究精神の現代的な意味を探ります．

2.1　印象派とソフトマター物理

印象・日の出：印象派主義の始まり

　印象派物理学の印象派は絵画における印象派に端を発しています．そこで，次ページ図2.1の絵画を見てください．この絵は，モネの印象・日の出という絵画です．この絵は，印象派という時代を切り開いた有名な絵なので，皆さんの中にも見たことがある人が多いと思います．実は，この絵画は近寄ってみると何が書いてあるかよくわかりません．けれども，ある程度距離を置いてみる

図 2.1　モネ 印象・日の出（1872，マルモッタン美術館）．ある程度距離を置いて眺めると太陽に照らされて光り輝く水面が生き生きと躍動感をもって伝わってくる．しかし，目を近づけてよく見てみると詳細がまったく描かれていないことに気が付く．いわば，枝葉末節を排してシンプルに描くことで美の本質を見事にとらえている．

と，美しい日の出の情景がきらめく水面の様子とともに鮮やかに描き出されいます．ある意味，実物以上の日の出の生き生きとした印象が鑑賞者に伝わってくるのではないでしょうか？

　近寄ってみると何が書いてあるのかわからないのはなぜでしょう？　詳細を忠実には描いていないからです．それなのに，美の本質は，ある意味で実物以上に，鮮明に描き出されているのです．枝葉末節を排しシンプルに捉えることで，本質をえぐり出しているといってもよいでしょう．英語で表現するとsimple & elegant という言葉がふさわしいと思います．

ソフトマターという分野のはじまり

　このような精神が物理学でも重要であることを指摘した人物がいます．1991年にノーベル物理学賞を受賞したドゥジェンヌ先生です．彼は，「まえがき」で述べたように，ノーベル賞の受賞記念講演を「ソフトマター」というタイトルで行い，その後，このソフトマターという言葉が学問の一分野の名称となっ

たため「ソフトマターの父」と呼ばれることもあります.

　ソフトマターとは，ドゥジェンヌがノーベル賞を受賞するきっかけとなった研究対象を広く表す言葉で，具体的には，液晶，高分子などを指します（この他については52ページでふれます）．これらの物質は，現代の生活に欠くことのできない物質です．皆さんの身近にあるPCやスマートフォンに液晶ディスプレイは欠くことのできないものですし，これらの筐体の多くはプラスチックでできていますね．つまり，これらの物質が丈夫になったり薄くて曲げられるようになったりして，その性質が進化すれば，皆さんの日常生活にも大きな影響を与えます．一方，これらの物質について高校で習うのは主に化学という教科ですね？　なのに，ドゥジェンヌが受賞したのはノーベル化学賞ではなくノーベル物理学賞です．この理由を説明しましょう.

複雑なものにひそむ複雑さ：長い鎖状分子の示す普遍性

　高分子は，モノマーという単位を繰り返しつなげることで長い鎖のようになった分子です．この物質群は，モノマーを取り換えるだけで，ガラッと違う物質を作ることができるため，化学者が中心となって研究が進みました．たとえば，ペットボトル，ゴム，スライム，レジ袋，化学繊維，これらはかなり性質が違いますが，すべて高分子でできた物質です.

　一般的には，化学者はこのように，さまざまな「違い」が出てくることを楽しみとする人たちです．この点，正反対なのが物理学者です．物理学者は，なるべく多くの事柄が，一つの数式で説明できてしまう「普遍性」をこよなく愛します．いわば，化学者は多様性に喜びを見出し，物理学者は自然界に内在する普遍性に魅せられてしまう人種です．当時，高分子といえば，モノマーを変えるといろいろ違ったものができるということが研究の中心でしたから，高分子は多くの物理学者には見向きもされない対象でした.

　こんな中，ドゥジェンヌは，統計物理学という分野の最先端の手法を使い，モノマーが違っても，長い鎖のような分子であるという共通点を持てば，普遍的に成り立つある性質を解き明かしました．それは，このような長い鎖が，それを構成するモノマーと似たような分子の液体中に溶けているときにどのく

らいの大きさのとぐろをまいているか，という問題です．実は，その大きさ R は，モノマーの種類によらずに，つなぎ合わせたモノマーの数 N（重合度といいます）を用いて，N が十分大きな極限では，

$$R \simeq aN^\nu \tag{2.1}$$

の形になることが膨大な実験や数値計算を用いた研究で分かっていました．ここで，a はモノマー分子の大きさで，ν は，0.58 に近い数であることが分かっていました．これは，すでにおなじみのスケーリング則ですね！　しかし，当時，この指数を説明する理論がなかったのです．この大問題を，たった 1 ページあまりのエレガントな論文で解決してみせたのがドゥジェンヌであり，これによって高分子の分野の歴史が書き換えられたのです．ここでは，この問題をもう少し掘り下げてみていきます．なぜなら，この問題を解くカギは，当時の物理学での大問題であった，臨界現象の物理と深く関係し，それが，スケーリング則と密接な関係を持っているからです．

臨界現象の物理学

　気体から液体への状態変化のように温度によって物質の状態（相）が質的に転移する現象を熱力学転移と呼びます．このような転移は相転移とも呼ばれ，大きく分けて，不連続転移とも呼ばれる一次転移と，連続転移とも呼ばれる二次転移があります．ここでフォーカスする，臨界現象が伴うのは連続転移の方です．皆さんにも馴染みのある，気体から液体，あるいは，液体から固体への状態変化（相転移）は不連続転移なので，臨界現象ではありません．なので，イメージがしにくいのですが，すこしでも実感がわくように，まずは磁石の性質にかかわる例をあげます．

●強磁性相転移

　鉄やニッケルは磁石を近づけると磁石にくっつきます．このような性質を磁性といいますが，この性質が生じる理由を分子のレベルで説明してみましょう．実は，これらの物質の内部には，いわば，小さな磁石が動き回っていて，これらの向きは，揃おうとする傾向を持ちます．これを「分子レベルの相互作

用」と呼びます.

一方，これらの小さな磁石は，「熱運動」によって，でたらめな方向をむこうとする性質も持ち合わせています．熱運動というのは，分子や原子が温度に応じた激しさでランダムに振動する（揺らぐ）運動のことです（高校1年生の物理の後半に習うようです）．物質の「温度」とは，実は，分子や原子レベルでの，原子分子の振動の大きさに対応しているのです！

このように，分子レベルの相互作用は向きをそろえて，秩序を生み出そうとするのに，熱運動による揺らぎは，それを壊して，無秩序にしようとしているわけです．ですので，温度が低ければ，向きをそろえようとする傾向が勝って，向きがそろうという秩序が生まれ，結果としてそれ自身が磁石になり「強磁性状態」を取ります．ところが，ある温度を超えると，熱運動による揺らぎが勝って，磁石がランダムな方向を持ち，無秩序な状態になり，全体としての磁性は消えます（常磁性状態といいます）．でたらめな向きをむいた磁石の集合体は磁石としての性質が平均化されてしまい，磁石としての性質を失ってしまうのです．このように，分子レベルの相互作用と熱運動によるランダムな揺らぎが競合状態にあるので，温度によって強磁性状態と常磁性状態が入れ替わります．これは，温度による連続相転移の例で，特に強磁性転移と呼ばれます．

参 考 磁区と磁壁

　実際にはもう少し複雑な事情があります．かえって混乱するかもしれないので，飛ばしてもらって結構ですが，念のため説明しておきます．鉄は常温で強磁性状態にありますが，通常は「磁区」と呼ばれる小さな磁石の向きがそろった小さな区画に分けられています．磁区の境界は「磁壁」と呼ばれます．一般には，それぞれの磁区の磁石の向きはばらばらなので，常温の鉄は，全体としての磁石の性質（まわりに磁場を作る性質）は持っていません．しかし，磁石を近づけると，小さな磁石が外から近づけた磁石と同じ向きをむくとエネルギーが下がるため，これらの磁壁が移動して，近づけた磁石の磁場の向きをむいた磁区が大きくなります．こうして，鉄には全体としても磁石の性質が現れ，磁石にくっつきます．

●臨界現象の驚異的な普遍性

連続相転移には，この強磁性転移のほかにも，ある化合物の圧力による結晶構造の転移や，気体と液体の密度差がなくなる特別な点である「気液臨界点」

での熱力学的転移など，いろいろな種類があります．ところがこれらの相転移はグルーピングができて，おなじグループに属する相転移は，相転移近傍で「普遍的に」まったく同じ挙動を示します．磁性体の相転移と「気液臨界点（43ページ参照）」における転移などの，まったく異なる物理現象ですら同じにふるまうのです！

もっと具体的に言うと，膨大な研究の積み重ねから，1960年代後半には，連続転移に伴って現れる臨界現象について以下のことが分かっていました．

1.　相転移温度近傍でいろいろな物質の性質（磁石の強さ，比熱など）を温度の関数として表すとスケーリング則（べき乗則）が現れ，いろいろな物理量が絶対温度 T と相転移温度（臨界温度）T_c の差のべき乗で表されるようになる．

2.　同じグループに属する物質群のスケーリング則は，相転移温度 T_c は物質によるが，スケーリング則のべき指数はどれも同じとなる．

3.　その指数は単純な分数ではかけない（小数点以下が無限に続く摩訶不思議な数値で表される）ことが多い．

4.　いろいろな物理量に対するスケーリング則のべき指数が（それぞれ単純な分数ではかけないのにもかかわらず），驚くほど簡単な関係式を満たす．

言い方を変えると，さまざまな物質，物理現象があるのに，共通の性質を持つ数少ないグループに分けられるのです．これを，同じ普遍性（ユニバーサリティ）をもつユニバーサリティクラスに分類ができると表現したりします．これは，本当に驚くべき性質であり，1972年以前の理論物理学，特に，統計力学あるいは統計物理学の大問題でした．

●強磁性相転移の臨界的ふるまい

この驚くべき性質について，もう少し具体的な例でお話ししましょう．たとえば，強磁性転移では，「自発磁化」と呼ばれる外部から磁場がかかっていないときの「磁石の強さ」が重要です．この量を温度の関数としてみると，温度 T が T_c より高いとゼロですが，低いと $(T_c - T)^\beta$ に比例します．そして，驚くべきことに，多くの物質において，臨界温度 T_c はそれぞれの物質で異なるにもかかわらず，べき指数 β はどれも 0.32 に近い無理数らしいことが分かっ

ています（これが分数で表せないかどうかはまだ証明されていません）.

　同様に，強磁性体の「比熱」，および，「帯磁率」という物理量は，温度 T が T_c より高い場合に，それぞれ，$(T - T_c)^{-\alpha}$ と $(T - T_c)^{-\gamma}$ に比例します．そして，驚くべきことに，T_c はそれぞれの物質で異なるのに，べき指数 α, γ は，やはり普遍的な無理数らしく，多くの場合，それぞれ，0.11 と 1.24 に近いことが分かっています．なお，弱い外部磁場をかけたときの「磁石の強さ」と外部磁場がゼロのときのそれの差は，外部磁場に比例しますが，「帯磁率」とはその比例係数のことです．

●気液臨界点とそのまわりでの臨界的ふるまい

　さらに，付け加えると，これらの臨界指数とも呼ばれるべき指数は，すでにふれた，強磁性転移とはまったく異なる相転移現象である「気液臨界点」での転移とも関係しているのです．そこで，まずこの転移について少し説明します．

　水は，大気圧のもとで熱していくと，100 度になったところで，水蒸気に変わっていきます．ただし，全部が水蒸気になるまで，熱エネルギーは液体を気体に変えることに使われていて，温度はずっと 100 度に保たれますね．このように水は 100 度で気体状態と液体状態が共存します．このように，液体は，一定圧力の下で加温していくと，普通は，ある温度（気液転移温度）で気体と液体が共存し，両者では，密度が異なります．言い方を変えると，物質は気液転移温度，あるいは，気液共存状態で，二つの異なる密度を取り得ます．

　水は，気圧が低い山の上では，100 度に達しないで沸騰します．これと同じように，一定に保つ圧力の値を上げていくと，気液転移温度は上昇していきますが，それとともに，共存状態での気液の密度差が減っていき，やがて臨界圧力 P_c に達するとこの密度差が消失します．なお，このような事情で，圧力鍋では沸騰状態（つまり気液共存状態）での温度が 100 度を超えるためより高温での調理が可能になります．

　液体から気体への転移は，温度を一定に保って，圧力を変えることでも起こせます．温度一定のもとに，水蒸気に圧力をかけていくとある転移圧力で水に変わるわけです（容器のピストンをゆっくり押していくと体積が減り，ピスト

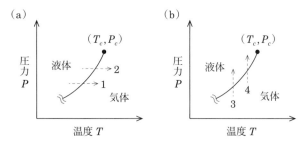

図 2.2 気液相転移の説明図. 右上りの線が液体状態と気液状態を分ける. (a) 1 や 2 の矢印のように横軸に平行にこの線を横切ることが, 等圧下での昇温による液体から気体への転移に相当する. (b) 3 や 4 の矢印は, 定温下での昇圧による転移に相当する. $P > P_c, T > T_c$ の領域で等圧, 等温変化をしても気液転移は生じなくなる. 点 (T_c, P_c) は気液臨界点とよばれる.

ンにかかる力が増していきますが, 転移点に達すると, ピストンにかかる力は一定のまま, 体積だけが減りはじめます. やがて, 水蒸気が全部水に変わると再び, 力が上昇をはじめます). このような圧力による気液転移にも, 温度に応じた転移圧力があり, 転移状態では気液の共存が起こり, 二つの異なる密度を取り得ます. この密度差は, 一定に保つ温度の値を上げると減っていき, やがて臨界温度 T_c に達すると消失します.

　この状況は, 縦軸に圧力 P, 横軸に温度 T をとり, 右上がりの直線を考え, その左側を液体, 右側を気体に対応させると理解しやすくなります (図 2.2). この線を, 右から左に横切ることが, 定圧下で気体から液体への転移がある転移温度で起こることに対応します. この線を, 下から上に横切ることは, 定温下である転移圧力で気体から液体へ転移することに対応します. そして, この右上がりの直線が終わっている点である, $(T, P) = (T_c, P_c)$ が気液臨界点です.

　この臨界点のまわりでの気液の密度差のふるまいについて説明します. すでに述べたように, 気液臨界点よりも高温では, 気体と液体の密度の差がゼロになってしまい, 両者の区別がつかなくなります. この点での物質の密度は臨界密度と呼ばれます. これを ρ_c で表すことにしましょう. T_c よりも低温側では, 気体と液体の密度差がゼロではなくなり, $(T_c - T)^\beta$ に比例します (気体と液体が区別できるようになる). そして, またも, 驚くべきことに, やはり, T_c はそれぞれの物質で異なるにもかかわらず, べき指数 β は, 強磁性体転移

の場合と同じ 0.32 に近い無理数らしいことが分かっています！（だから同じ β という記号が使われます）

●ユニバーサリティクラス

　以上の強磁性体と気液臨界点の例は，専門家の間では「3 次元イジング」とよばれるユニバーサリティクラスの場合の話です．他にも「2 次元イジング」，「3 次元 XY」などのクラスがあり，それぞれの場合で，α, β, γ の値は異なりますが，なんと，これらの臨界指数は，普遍的に $\alpha + 2\beta + \gamma = 2$ というシンプルな式を満たすのです！　なお，2 次元イジングの場合の指数は，厳密に分かっていて，どの指数も分数で与えられます．

●臨界現象を示す実験データ

　これらの驚くべき事実のごく一端を示す有名な実験データを図 2.3a に示します．これは，8 種類もの異なる物質の気液共存状態での液体と気体の密度を温度の関数で示したものです．密度 ρ を臨界密度 ρ_c で，温度 T を臨界温度 T_c

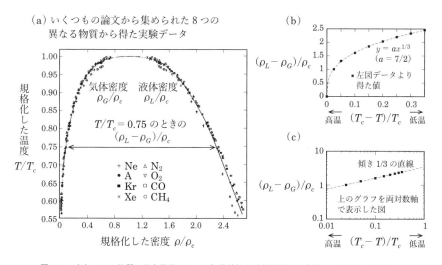

図 2.3　（a）8 つの物質の共存状態における気体状態と液体状態での密度 ρ を温度 T の関数としてプロットした図．それぞれ，臨界密度 ρ_c と温度 T_c で規格化されている．Guggenheim, *J. Chem. Phys.*, 1945, https://aip.scitation.org/doi/10.1063/1.1724033 をもとに作成．（b）左の図から読み取った液体と気体の密度の差を，臨界温度と温度の差の関数として示したもの．同様に規格化してある．（c）b のグラフを両対数軸で示したもの．

で，それぞれ割り算して無次元化すると，すべての物質がほぼ，同じマスターカーブに乗っている様子が分かります．この図は，データコラプスの例の元祖ともいえるものです．なお，このように，両軸の基準となる値を取って無次元化することを「規格化」すると表現し，基準値を「規格化因子」と呼びます．

図 2.3a のデータをもとに，気体と液体の密度の差と $T_c - T$ の関係を測って示したのが図 2.3b です．これを両対数軸のグラフにしたのが図 2.3c であり，これらの図から，密度差が $(T_c - T)^\beta$ に比例していることが分かります（指数 β は 0.32 にとても近い 1/3 として近似線が描かれている）．

参 考 自発磁化と比熱のグラフ

「自発磁化」は，図 2.3b に示した「密度差 $((\rho_L - \rho_G)/\rho_c)$」と同様に，$(T_c - T)^\beta$ に比例し，臨界温度 T_c から低温に向かって，ゼロから大きくなっていきます．なぜなら，β が正のときには，x^β という関数は，$x = 0$ でゼロで，x が正のときに増加関数だからです（$x = T_c - T$ と書くと，T が T_c より小さくなると x は大きくなることに注意）．この性質は，β

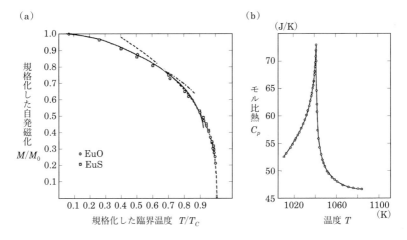

図 2.4　(a) 強磁性体の自発磁化の臨界的ふるまい．異なる二つの磁性体のデータが普遍的なカーブにコラプスしている．臨界点付近は $(T_c - T)^\beta$ でよく近似されている（臨界点の近くに引かれている点線は，$\beta = 0.36$ とした場合の曲線）．Als-Nielsen, Dietrich, and Passell, *Phys. Rev. B*, 1976, https://journals.aps.org/prb/abstract/10.1103/PhysRevB.14.4908 をもとに作成．(b) 強磁性体（鉄）の比熱（1 モルあたり）の臨界的ふるまい．臨界温度 T_c の上側から近づいても下側から近づいても発散している．詳しく調べるとどちら側から近づいても同じ指数で発散することが分かる（本文参照）．Lederman, Salamon, and Shacklette, *Phys. Rev. B*, 1974, https://journals.aps.org/prb/abstract/10.1103/PhysRevB.9.2981 をもとに作成．

が 1 や 2 の場合については，高校数学でもなじみのあるものですね（図 1.6 参照）．ただし，$x = 0$ 付近でのふるまいは β が 1 より大きい場合と小さい場合でかなり異なります（図 1.6a では $\beta > 1$ ですが，この場合は，$x = 0$ 付近で下に凸で緩やかに大きくなっていきます．ところが，$\beta < 1$ では図 2.3a のように，上に凸で急激に立ち上がるように大きくなっていきます）．この様子を横軸を $(T_c - T)/T_c$ ではなく T/T_c にとり直して示した実験データの例が図 2.4a です．そのため図 2.3b のグラフを y 軸対称に反転し平行移動した形をしています．

　一方，「比熱」と「帯磁率」はそれぞれ $(T - T_c)^{-\alpha}$ と $(T - T_c)^{-\gamma}$ に比例し（ただし，α と γ は正），ともに，T_c より高い温度から T_c に近づくにつれて無限大に発散します．これは，α が正のときには，$x^{-\alpha}$ という関数が $x = 0$ で無限大に発散し，x が正のときに減少関数だからです（$x = T - T_c$ と書くと，T が T_c より大きくなると x は大きくなることに注意）．この性質も，α が 1 の場合については，反比例の関係として知っているはずです（図 1.7 参照）．実は，比熱も帯磁率も，低温側から T_c に近づいたときにも発散し，それぞれ，$(T - T_c)^{-\alpha}$ と $(T - T_c)^{-\gamma}$ に比例します（なお，指数 α, γ は高温側から近づいたときと同じ値ですが，比例係数は低温側と高温側で異なってきます）．この様子を鉄の比熱の場合に示したデータが図 2.4b です．

●繰り込み群理論による普遍性の解明

　統計力学とは，多くの似た者同士の集合の物理的性質を確率論的な考えを使って議論する枠組みです．多くの似た者同士とは典型的には，分子や原子などの小さいもので，それらは，必ず，温度に応じた熱運動をしています（これがたとえば，気体の圧力の起源になることは高校 1 年の物理でも学びます）．熱運動は，でたらめで，秩序を壊す傾向があります．このようなメカニズムを取り込んだうえで，マクロな物性を予言することができる理論体系が統計力学です．

　温度が低いときに分子同士が持っている本来の性質（分子同士の相互作用）は多くの場合，何らかの秩序をつくろうとします．すでに説明した磁性体の例では，小さな磁石がそろうという秩序傾向がありました．このような場合には，熱運動による無秩序化と分子同士の性質による秩序化がせめぎあいます．このような事情から，統計力学は秩序・無秩序転移を記述することができ，その一例が，すでに説明した強磁性体転移です．

　ところが，それまでに知られていた統計力学の理論を使ったのでは，上述の驚くべき臨界現象の謎は説明できませんでした．しかし，当時の，統計物理学者たちは手をこまねいていただけではありません．当時，このような驚くべき

普遍性が現れる数学的なからくりは、ほぼ分かっていたのですが、それをきちんと記述する枠組みができていませんでした。この大問題を解決したのが、1982年にノーベル物理学賞を受賞したウィルソンです。彼の完成した理論は「繰り込み群理論」と呼ばれ、これによって、臨界現象のスケーリング則に現れる「単純な分数では表せないべき指数」を計算することもできるようになったのです。そして何より、どのような物理的からくり（ストーリー）で、こうした普遍性が出てくるかが解決されたのです。

そのあらましを、磁性体の強磁性転移を例に、ごくざっくりと説明しましょう。強磁性転移が起こる転移温度よりも高い温度からはじめて転移温度に近づけていくと、熱揺らぎが抑えられるので、磁石の向きがそろった（空間的な）領域がぽつぽつと出てきます。そして、温度が転移温度に近づくとこのような領域のサイズが、そのときの温度と転移温度の差のべき乗則に従って大きくなっていくのです。このサイズを相関長といいます。

この場合には、もともとの分子同士の相互作用が、そのような相関長のサイズでどう現れるかが重要になってきます。それを調べていくと、分子同士のレベルでは細かな違いがあったとしても、その差がなくなっていき、やがては、（1次元とか2次元とかの）空間次元と空間的対称性ともともとの分子レベルの相互作用の性質だけできまる普遍的な性質だけが残り、その結果、上述のような普遍性が現れるのです。

なお、ここで「空間的対称性」とは、上下反転対称性や回転対称性などのことです。たとえば、マクロな物質を構成している原子や分子それぞれが磁石の性質を持ち、上向きか下向きの向きを取ることができるとします。温度が高いときには、それぞれが上か下かの向きをランダムにとっているので、マクロに見ると平均化され、上と下は区別ができません。この状態を上下反転の対称性がある状態と呼びます。ところが、温度が下がってきて強磁性転移が起こると、平均的には、上か下かのどちらかに向くことになります。

この上と下の選択はあたかも自発的に行われ、その結果、上下を区別できるようになります。つまり、「自発的に」上下反転の対称性が失われます。なお、対称性を失うことを「対称性の破れ」といいます。一般に、秩序・無秩序転移においては、このような「自発的対称性の破れ」を伴います。なお、「対称性の

破れ」とは，素粒子の理論や超電導の理論などでも大変重要な概念です．2008年にノーベル物理学賞を受賞した南部陽一郎先生は，この概念の形成に大きく貢献しました．

> **参 考　異常次元**
>
> 　臨界現象にあらわれるべき指数は一般には分数では書けませんが，私たちの研究で現れるべき指数の多くは分数か整数で書けます．べき指数が分数で書けないのは，臨界現象においては，「スケール分離」が十分に起こっているにもかかわらず，着目しているマクロな現象にものすごく小さなスケールが影響を与え続ける，というからくりになっているからです（次元解析的な議論から説明できるべき指数は一般には分数となります）．これによって，本書の後半で説明する「次元解析的な議論」からは説明できない部分が出てきて，そのことを33ページに述べた「異常次元」という言葉で表します．本書では，この点については，程度を超えるため，扱いません．

　上述の繰り込み群理論から普遍性が現れる面白さは，大学院の修士課程での物理学科でのハイライトとでもいえるテーマですが，残念ながら，私には，言葉だけでは，説明しきれません．興味を持った人はぜひ大学の物理学科に進んで学んでください．意欲のある学生は学部3年生くらいから，この理論を本格的に理解することもできると思います．

1972年2月28日：臨界現象の物理と高分子物理の歴史が同時に書き換えられた日

　前小節では，臨界現象の物理学では，驚くべき普遍性が，スケーリング則として現れることが膨大な実験から示されたことを説明しました．さらに，なぜ，スケーリング則が現れるのかという理由とともに，そのべき指数を具体的に計算することを可能にしたのがウィルソンの繰り込み群である，ということも説明しました．

　このウィルソンの論文は1972年2月28日に出版されました．実は，同じ日に，ドゥジェンヌの論文が「Exponents for the excluded volume problem as derived by the Wilson method」というタイトルで出版されました（タイトルに「ウィルソンの方法で」というフレーズが入っていることに注目してください）．この論文において当時の高分子分野の大問題であった式（2.1）のべき

指数 ν の問題が解決されたのです．これらの物理学の歴史的な 2 本の論文が同日に出たのは偶然ではありません．そして，これは，ドゥジェンヌの論文タイトルにウィルソンの方法という言葉が入っていることにも関係があります．この説明の手始めとして，私がドゥジェンヌ先生から直接，聞いたエピソードを紹介しましょう．

　私は，博士号を取得して間もない時期に，愛知県岡崎市にある国立研究所，分子科学研究所で助手として研究を行っていました．その時期に，半年間，ドゥジェンヌ先生の研究室で共同研究をしたことがあります．そのことが縁で，先生が岡崎を訪問されました．そのとき，岡崎にある温泉に先生をお連れした，マイクロバスの中で次のことを聞きました．当時，先生は，アメリカの友人を通して，ウィルソンの論文のプレプリント（論文を発表する前に，非公式に成果を発表する媒体）の内容を知り，ただちに，（論文発表の前に）自身が教授を務めるコレージュ・ド・フランスの一般公開講座で，ウィルソンの理論について講義をしたそうです．なお，コレージュ・ド・フランスは，多くの教授がノーベル賞受賞者であるフランスでもっとも権威のある大学で，教授陣は毎年一般向けに公開して，最先端の知識について講義することになっています．ドゥジェンヌは，毎年，講義内容を更新し，そのとき，彼が考えていることを講義するため，パリの同分野の研究者たちは，楽しみにしてその講義を受けていました．

　さて，ウィルソンの理論は，あるベクトル量に関連していました．ベクトルというのは，中学の理科の範囲に，力を矢印で表すというところででてくる大きさと向きを持った量です．中学の理科で習う「速度」も，大きさと向きを持った量ですね．高校 2 年生くらいで習うベクトルという量は，いくつかの数字を並べて組にした量として表すことができます．2 次元平面上のベクトル（矢印）は，二つの数字の組で表されますし，三つの数字をならべたものは 3 次元空間内のベクトルを表します．これらはそれぞれ成分数が 2，および，3 のベクトルといいます．一つの数字も成分数が 1 のベクトルということもできます．この定義だと，成分の数がゼロだということはちょっと想像ができませんね．

　ところが，ドゥジェンヌは，なんと，高分子の問題が，ウィルソンの繰り込

み群の理論における，ベクトルの成分の数がゼロのときに相当することを見抜き，ウィルソンが出した式で成分数をゼロと置いて，高分子の大問題を解決したのです．なぜ，成分数ゼロに相当するかということを理解するのも大変面白いのですが，これについては，手短な説明が難しいので，ここでは割愛します．興味を持った人は，ぜひ，大学で勉強してください（先生の没後 10 年目に出版された「L'extraoridinaire Pierre-Gilles de Gennes (Odile Jacob, Paris 2017)」には，この発見についての記述があります．それによると，ウィルソンの繰り込み群理論の講義を行ったのは，コレージュで初めて行った講義で（1971〜1972 年），その講義の準備をしているうちに，高分子の問題との類似性に気づき，事の重大さに，バカンスを直ちに切り上げてパリに戻って，この歴史的論文を書いたそうです．きっかけは，高分子の問題も臨界現象の場合と同様に空間次元が 4 において簡単になることに気づいたことだったそうです）．

　なお，ドゥジェンヌ先生の 1972 年の論文がウィルソンの論文と同日であるのは，先生が（自分の論文の方がはやくアクセプトされたために）ウィルソンの学問上の優先権（プライオリティ）を考慮して，自分の論文の出版をウィルソンの論文が出るまで遅らせたからでしょう．論文の審査にかかる時間は，前に説明したような事情で，それぞれに違ってくるので，このようなことも起こりえるわけです．

ドゥジェンヌとソフトマター（補足）

　ドゥジェンヌ先生は，上に説明したように，高分子の大問題を，当時の統計物理学の最先端の理論（というか，発表される前の理論ですね！）を使ってエレガントに解いて見せました．また，ドゥジェンヌ先生は，液晶の相転移に関する重大な功績を残しています．液晶の相転移とは，棒状の分子である液晶分子の秩序，無秩序化転移です．棒状分子は，互いに向きがそろうことを好み，分子相互作用としては秩序化を好みます．しかし，温度が上がってくると，熱運動の揺らぎによって，向きが無秩序化する傾向が強くなるため，これらのせめぎあいによって液晶の温度による相転移が起こります．ドゥジェンヌは，このことにいち早く気づき，このような液晶系においても，物理学の手法が有用であることを示したのです．

ドゥジェンヌ先生は，このように液晶，高分子で顕著な業績を残し，ノーベル賞を受賞するときに「現代のニュートン」というフレーズで讃えられました．量子論から古典論をカバーする幅広い業績は，現代物理学者の中で特に際立っており，そのことを表すにはふさわしい言葉だと思います．先生は，超電導，液晶，高分子，そして，表面張力のそれぞれのテーマの教科書を残しており，そのどれもが，現在でも価値を失わない，非常に独創性のある内容なのです．そのカリスマ的な人格も相まって，少なくとも物理学界では，分野を問わず多くの研究者の尊敬を集めていました．

　ソフトマターについては，いままでは，液晶，高分子を中心に取り上げました．この他にも，コロイド，粉粒体，表面張力現象（濡れ現象）などがその対象となります．コロイドとは，これまた，高校の化学で扱う項目ですが，これもソフトマターです．コロイドも，高分子や液晶と同様に，牛乳や化粧品など，日常で欠くことのできない物質群です．高分子，液晶，コロイドは，いずれも，通常の固体や液体と違い，構成要素同士の相互作用が弱く（これを相互作用がソフトであると言ったりもします），従来からよく物理学で研究されてきた，固体（結晶）や液体とも似つかないふるまいをするのです．液晶という言葉は，液体の「液」と結晶の「晶」の字を組み合わせた言葉で，この事情を反映したネーミングになっています．英語では liquid crystal といいます．文字通り訳せば「液体結晶」です．

　こうした，固体と液体の中間のふるまいをするものをソフトマターといいます．このような観点で見ると，砂時計の砂を代表とする粉粒体は，固体のようにふるまったり液体のようにふるまったりするので，やはり，ソフトマターといわれます．雪も，砂のように，雪崩のように流れることもあれば，ひとたび止まると硬い固体のようになるので，粉粒体とみなすことができます．また，高分子や液晶やコロイドの問題では表面張力が問題になることが多く，このことから，表面張力現象や濡れ現象も，しばしば，ソフトマターの分野の研究とみなされます．いずれにせよ，ソフトマターのふるまいを予言するには，従来の固体や液体の理論体系とは違った枠組みを必要とすることが多く，このような対象に物理学者が取り組むことで物理学がさらに発展してきました．

印象派物理学の語源

　私が物理学における印象派という言葉に初めてふれたのは，ドゥジェンヌが
ケンブリッジ大学で行った講演をまとめた，小さな本のあとがきにおいてでし
た．そこには

> 「But what I need most is a simple impressionist vision of complex phe-
> nomena, ignoring many details – actually, in many cases operating at
> the level of scaling laws（私が最も必要としているのは複雑な現象に対す
> る印象派画家たちの目である．それは，多くの詳細を無視することを意味
> し，たいていの場合，スケーリング則のレベルでの議論にとどまることに
> なる）」（P.G. de Gennes, Soft Interfaces, Cambridge Univ. Press 1997
> より引用）

という一文があります．
　ところが，私はドゥジェンヌ先生の晩年の8年間ほどの間，彼と頻繁な交流
をしていたにもかかわらず，彼自身から直接に（物理学における）印象派の話
を聞いたことはありません．彼の最後の教科書『表面張力の物理学』（吉岡書
店）の前書きには，印象派の精神に関する記述があるものの，この部分は共著
者のフランソワーズ・ブロシャールが書いています．しかし，そのシンプルな
スタイルは，彼の論文，著作，やりとりするFAX，メール等ににじみ出ていま
した．
　さらに，私は『表面張力の物理学』を訳すために，すみからすみまで完全に
理解するように努力するうちに，完全に印象派の虜になってしまいました．そ
こで，彼自身は印象派「物理」と言ったことは恐らくありませんが，このスタ
イルが私にはまさに物理屋の共有できるスタイルに思えたので，私は『表面張
力の物理学』の「訳者あとがき」を「印象派物理の薦め」と題して書いたので
す．ひそかに「物理」と付け加えて「印象派物理」という言葉を使ってみたの
です．
　この節の最後に，ドゥジェンヌ先生のスタイルに対するこだわりや人柄がに
じみ出ているエピソードを紹介しましょう．

ドゥジェンヌ先生は，私がパリのコレージュ・ド・フランスで共同研究をは
じめた当時，パリ市立物理化学工業高等大学の学長も務めていました（この大
学は頭文字が ESPCI でしばしば PC と略されるので，以下，「ペセ（PC）」と
略すことにします）．そのため，彼は，基本的にはペセにいて，しばしばコレー
ジュにやってくるというのが日常でした．ドゥジェンヌ先生は，ペセにやって
くるときには，かならずといっていいほど独特のいい香りのする葉巻をくわえ
ながらやってくるため，コレージュのみんなは，その香りによって，彼の到来
を知るのでした．

　私は共同研究を進めるため，彼に定期的に研究の進行状況を FAX でペセに
送っていました．私の FAX はときには 10 ページに及ぶこともありました．
彼は忙しかったはずですが，私の FAX を正確に読み取り，とてもシンプルな
1 枚か 2 枚程度の返信を，数日以内に送ってくれていました．私は，彼の毎回
の返信が，シンプルでエレガントで，鋭いことに驚嘆していました．

　そんなふうにして，共同研究をはじめ，取り組むべき問題が明確化し，やり
たいことがたくさんでてきていたころのことです．それでも，私は土日にコ
レージュに行くことはほとんどありませんでした．ただ，たまたま，その日曜
日には，コレージュで机に向かい研究に没頭していました．すると，日曜だと
いうのに馴染みのある葉巻のにおいがするな，と思っていると，いつのまにか
ドゥジェンヌ先生が目の前に現れ，自分のことはたなにあげて「日曜日には働
くべきではない！」といって，私に一枚の紙を渡し，すぐに立ち去りました．
そこには，いつものようにシンプルでエレガントな私への返答が記されてい
ました．しかし，その鉛筆で書かれた紙には，なんども消しゴムで消した跡が
残っていました．このような消し跡は FAX では見えなくなっていたのでしょ
うが，ドゥジェンヌ先生は，いつも私のために，シンプルでエレガントな返答
を周到に用意してくれていたのでした．

　こんなやりとりを続けていたある平日，コレージュで机に向かっていると，
また，なじみのあるにおいがしてきました．そして，しばらくすると私の居室
に現れ，わたしがすぐ前に送った FAX の内容について「これはとても役に立
つ！」といってすぐに立ち去りました．

　そんなできごとがあった日の次の日のことです．その日は，ドゥジェンヌ先
生の公開の講義のある日で，その日もいつもと同じように，フランス語はあま

りわからないものの講義を聴いていました．すると，しばらくして，ドゥジェンヌ先生が，当時，私が取り組んでいた真珠層という物質の話をしだしたのが分かりました．真珠層の絵も描いてくれたのでさすがに分りました．そしてほどなくすると，Ko Okumura と私の名前を黒板に書いたのです．そしてナント私が前日に FAX で送った理論を話し始めたのです！　私は嬉しいやら恥ずかしいやらで，研究室の数人の仲間とアイコンタクトしたことを今でも鮮明に覚えています．

2.2　西洋絵画における写実主義と印象主義

　ここで，物理学における印象主義についての説明に入る前に，絵画の歴史についてごく簡単にふれておきます．西洋絵画の歴史は，主にキリスト教の聖書の物語の内容を文字が読めない一般市民に伝えるためにはじまりました．その後，ルネッサンスを経て，絶対王政の時代（バロック・ロココ）にかけて，キリスト教を離れた絵画も現れ，権力者が画家を抱えて肖像画を描かせることもしばしばでした．そのような現実を描く場面では写実的な技術が非常に重要だったに違いありません．そのため，ルネッサンス以降，印象派が現れるまでの絵画・画家の多くは，広い意味で写実主義であるといってもよいでしょう．しかし，その後，写真が現れました．現代にも写実主義を貫く画家がおられ，私はその美術的価値は普遍的なものだと思いますが，非常に簡単に言ってしまえば，写真を前にした画家たちは自分たちの写実主義をどのように捉えればいいのか当惑したのではないでしょうか．

　このような背景の中，印象主義の画家が登場しました．そして，印象派画家たちは，詳細を無視してシンプルに情景を描き出すことで，写真にはまねのできないかたちで美の本質をエレガントに描き出して見せ，写真とは一線を画した新しい絵画の世界を切り開いていったのです．この後の現代美術も私は好きですが，この本に関わるのはここまでなので，西洋絵画の歴史の話を締めくくることにします．

2.3 物理学における写実主義

　絵画における印象主義が物理学にどう結び付くのかについてお話ししましょう．物理学にも，写実主義と印象主義があるのです．物理学における写実主義とは最先端のコンピュータの性能を最大限利用した数値計算です．数値計算にも，基礎方程式をそのまま解こうとする第一原理に基づいたシミュレーション（計算機実験）と簡単化したモデルを考えてそれに基づいて計算をする場合があり，写実主義はこの第一原理計算です．これにも古典的なニュートンの運動方程式にもとづくものと量子論的なシュレディンガー方程式にもとづくものがあり，ここでは皆さんによりなじみのある古典的な話に限って説明しましょう．この場合，基本原理はおなじみのニュートンの運動方程式になります．

　たとえば，ある分子（粒子）からなる系が液体になったり固体になったりする様子を物理学で予言したいとします．ひとつひとつの粒子はニュートンの運動方程式に従い，その方程式に現れる粒子同士が及ぼし合う力の性質もわかっているとします．すると，原理的には，問題になっている粒子数分のニュートンの方程式を連立して解けばよいのです（ある粒子の受ける力は，まわりにあるほかの粒子の位置に依存し，式が絡み合ってしまうため，連立して解くことになります）．

　けれども，私たちが日常的に接するこのような系には莫大な数（アボガドロ数程度）の粒子が絡んでいます．この状況が意味するのは，一つ一つの粒子はニュートンの法則というシンプルな法則に従っていても，現実の現象では莫大な数の粒子が絡んできて，恐ろしく複雑になってしまうということです．実際，現在においても，まともにアボガドロ数個の粒子を相手にシミュレーションをすることは難しいことです．

　さて，仮に，今から遠くない将来，アボガドロ数個の粒子を相手にシミュレーションをすることが可能になったとしましょう．そのときは，まさに，物理学における「写真」が到来したことを意味します．現在の状況はまだそれには遠い状態ではありますが，仮に，そのような時代が来たとしてみましょう．そして，望み通り，そのようなシミュレーションによって，目の前の物理現象が正確に再現できたとしましょう．もし，そうなったとして，人類としてわ

かることはなんでしょうか？　つきつめるところそれは，出発点としていたニュートンの運動方程式が正しいことを再確認することです．

　もちろんそれ自体でも人類の到達点としての科学的な意味はあるものの，これで，その現象を物理的に解明したといえるのでしょうか？　少なくとも私はそうは思いません（ですから，優れた「写実主義の研究者」は，いろいろな工夫をして，そこから物理的な意味を取り出そうとするのが普通です）．いちいち大掛かりな計算を実行しなければその現象がどうふるまうかわからないのなら，計算せずにその現象を観測した方が手っ取り早い場合もあるでしょう．しかしなにより，物理的な理解を得るということは，いちいち計算をしなくてもその現象がどうなるのかある程度予測できるようになることだと思いますし，そのような直感が働くようになることが人類にとってより有益なのだと思います．そして，まさに，そのような物理的理解を可能にするのがスケーリング則なのです．このような理由から，物理学における写実主義が「写真」に近づこうとしている現代に，印象派物理学が物理学に新しい息吹を吹き込みつつあるのは，絵画史を振り返ってみれば，きわめて自然に感じられませんか？

　ただし，私は，印象主義が写実主義より優れているとは思っていません．相補的であると思っています．ざっくりというと，複雑な問題にまず取り組むとしたら印象派主義．そして，もっと詳しく知りたいと思うなら写実主義が必要になると考えています．ただ，私自身は，次々にざっくりとでいいから新しいことに取り組んでいきたい傾向が強いので，印象派の目をもって研究を続けていくことを理想としています．

2.4　物理学における印象主義

　上に述べたように，物理学における写実主義の対極にあるのが物理学における印象派です．これについて，いままでの研究例の説明も踏まえてまとめてみましょう．

　印象派のスタイルによる研究では，多くの場合はスケーリング則を得ることになります．これはシミュレーションが数値で結果を出すことと対照的です．

なぜなら，今まで見たきたようにスケーリング則は文字式です．ただし，多くの場合，式の右辺と左辺が何やら等号に似てはいるがニョロッとした記号に置き換えられています．すでに説明したとおり，この記号は等号ではなく，その両辺が数値係数を無視すると等しい，と言っています．つまり，

$$y = kx^{\alpha}y^{\beta}z^{\gamma}\cdots \tag{2.2}$$

という関係があって，k が次元を持たないただの数値（0.62 でも 3.2 でもよい）であるときには，

$$y \simeq x^{\alpha}y^{\beta}z^{\gamma}\cdots \tag{2.3}$$

と表すのでした．ここで，$\alpha, \beta, \gamma, \cdots$ はべき指数とよばれる数値で，たとえば，2 や 0.58 などの一定の値であるとしています．

さらに，印象派のスタイルではこの比例係数 k の数値的な値を決めることはあきらめます．これが詳細を無視してシンプルに捉えるという意味です．ただし，実験でデータコラプスを確認する際に，実験的に決めることができます．そのようにして求められた「予言値」は，あとに続くより詳細な理論によって説明される可能性を持っています．

スケーリング則の特徴

ここで印象派物理学の目標とするスケーリング則の有用性について，いままでの説明とは少し違った視点からまとめてみます．ある最先端のテクノロジーの開発現場にある厄介な現象を取り除きたい，あるいは有益な現象をもっと強く作用させたいとします．そして，もし，その現象に対して，この種の法則が明確にわかったとします．すると，スケーリング則は，理系の高等教育を学んだ人にとってはかなり簡単な式であるため，この式を見ただけで，どのパラメーターを動かせば，望みの方向に現状を変えることができるかがたちどころに分かるのです．つまり，スケーリング則は，さまざまな開発現場で開発指針を検討する上での指導原理となり得るのです．あるいは，スケーリング則からは物理的理解あるいは物理的直感が得られるといってもよいでしょう．

さらに，その開発者がもう少し詳しく物理を理解していると，その式を眺め

るだけで，その現象の物理的な本質がイメージできるのです（どうやってスケーリング則が導かれるかについての具体的な説明はしていないので，読者にはまだこの点についてはイメージが湧かないと思いますが，後の章では，いくつかのテーマについて，このことも説明します）．一方，その法則がどの程度良く成り立っているかは，すでにみたように，データコラプスという形で，専門分野外の研究者でもかなり明確に判断できるのです．

最後の点は，実は，学問的には際立った特徴です．通常，実験と理論の一致を示す方法には，ある種の操作性（フィッティングパラメータ）が含まれていて，まあ，それを認めれば，両方があっているね，という論法で立証されます．しかし，多くの場合，スケーリング則の検証はデータコラプスという普遍的な手法を用いて極めて明確に素人でもその正当性が判断ができるのです．さらに，普遍性という観点からいうと，スケーリング則はかなり広範の領域について成り立つものです．だから，オーダーが大きく異なる量を表示するのに適した両対数表示がよく使われます．両対数軸は，スケーリング則を直線として示してくれることもすでに説明しました．

複雑な現象にひそむシンプルさ

物理学における写実主義の説明では，一つ一つの粒子はニュートンの法則というシンプルな法則に従っていても，現実の現象では莫大な数の粒子が絡んできて，まともに扱うと複雑すぎるというようなことを述べました．では，なぜ，そんな複雑なものをシンプルな法則で捉えることが可能なのでしょうか？このことを理解するために，高校の数学で習う極限値について考えてみましょう．この単元では，複雑な数式が与えられていて，その数式がある極限ではどのようにシンプルになるかを学習します．簡単な例を挙げて説明してみましょう．

$$x = 1 + t \tag{2.4}$$

という関係式があったとします．このとき，t の大きさが1より十分小さければ $x = 1$ がほぼ正確に成り立ちます．逆に t の大きさが1より十分に大きければ $x = t$ がほぼ正確に成り立ちます．このことは，皆さんにも直感的に明らか

でしょう．つまり，次のような簡略化がおこります．

$$x = 1 + t = \begin{cases} 1 & (|t| \ll 1) \\ t & (|t| \gg 1) \end{cases} \tag{2.5}$$

ただし，$\ll$ は左にあるものが右にあるよりも十分小さいという意味で，$\gg$ は（すでに登場していますが）反対の意味を表します．これは簡単すぎる例かもしれませんが，たとえば，次の式のような簡略化もおこります．

$$x = \frac{\sqrt{1 + t^2}}{t + \log(1 + t)} = \begin{cases} 1/t & (|t| \ll 1) \\ 1 & (|t| \gg 1) \end{cases} \tag{2.6}$$

このように，実は，極限で簡略化された式は，多くの場合スケーリング則なのです．つまり，いかに複雑な式でも適切な極限を取れば，多くの場合，スケーリング則に帰結するのです．

第3章

表面張力の静力学

これまで，切り紙とバブルの引きちぎれの研究を紹介し，私たちが発見したスケーリング則を紹介しましたが，それが，どのように導かれたのかについては立ち入りませんでした．それには，専門知識が必要になるからです．これから先の2章では，滴やバブル，そして，毛管上昇という現象に限って，ある程度，突っ込んだ説明をしてみます．そこで重要になるのが表面張力です．皆さんもどこかで聞いたことがありませんか．実は，高校の物理ではまったく学習しない概念です．ただし，この概念自体はそれほど難しいものではなく，日常的な表面張力現象を，物理的に理解できるようになるので，ぜひ興味をもって読み進めてください．また，実感を持ってもらえるように，自分で簡単に行える実験も紹介しました．ぜひ，自分で試してみてください．難しそうに思える説明も，実際に現象を見てみると，格段に理解が深まるはずです．まずは，力のつりあいを考えます．これは，止まった状態に相当するので静力学と呼ばれます．

3.1 小さな滴（しずく）の物語

これらの対象を物理的に理解するためのキーワードとなるのは，表面張力あるいは表面エネルギーです．これらを理解するためには，液体が原子または分子の集合体であることを思い起こしてもらう必要があります．ただし，ここでは，液体をバッタの集合体であるとして，たとえ話をしてみます．なお，しばらくの間は重力を無視します．あとでわかるように，重力を無視できるのは，

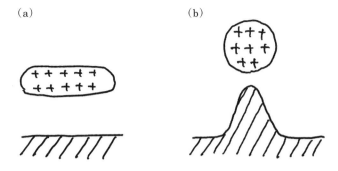

図 3.1　(a) 砂漠を覆うバッタの大群.　(b) 高い（寒い）山の頂に差し掛かったバッタの大群は，集団としての最大幸福を求めて巨大なボールになる.

その大きさが「毛管長」と呼ばれる長さよりも十分小さいときです．だから，小さな滴の物語なのです．

　砂漠では，時折，バッタの大群が発生するそうです．そして，図 3.1a の絵のように，空一面を厚い雲のように覆い尽くすそうです．ところが，このバッタが砂漠地帯にある高い山を通過するときには驚くべきことが起こります．この大群は，図 3.1b の絵のように，巨大なボールのようになるのです．原因は，高い山の上は温度が低く，バッタが長時間生息できないことにあります．

　もう少し詳しく説明しましょう．この巨大なボールの表面にいるバッタは，極めて不幸で，生命の危険にさらされているのです．もし，内側にいるバッタが交替してくれなかったらすぐに死んでしまうでしょう．すると，今度はすぐ内側にいたバッタが寒い外気にさらされ，死んでいってしまいます．つまり，このようなことをしていたら，バッタの集団は共倒れしてやがて死滅してしまうでしょう．そこで，実際には，頻繁にボールの表面近くのバッタは短時間で入れ替わってもらい内部の温かい部分で暖を取るようにしています．

　このように交替制度を取ることで，バッタは一匹も死なずに大きなボールとして高い山の上を無事通過できるのです．さらに，賢いことに，同じ体積であればもっとも表面積の小さなボールになって通過するのです．こうすれば，表面に出なければならないバッタの数を最小限にできるため，もっとも安全に山の上を通過できるのです．まったく同様のことが液体の内部でも起こっています．このため，液体はつねにその表面積を最小に保っているのです．実際

図 3.2　空気中を落下する小さな滴を高速カメラでとらえた様子（de Gennes, Brochard-Wyart, and Quéré, "Gouttes, bulles, perles et ondes," 2003（吉岡書店『表面張力の物理学』）の CD をもとに作成）.

に，（小さな）滴は空気中を落下しているときには図 3.2 のように，ほぼ完全な球形を保っているのです.

　このようなバッタ，あるいは水分子の状況を表すために，全表面エネルギーという考え方を導入すると便利です．今の場合，バッタは，まわりをバッタに囲まれていた方がハッピーであり，バッタ集団が空気と接している「表面」に出てきてしまうと不幸になるます．いわば，この不幸度の大きさの総量が全表面エネルギーです．すると，この「全表面エネルギー」を最小にしようとしてバッタ集団は球形になる，と表現できます.

　このバッタのたとえ話を使って，シャボン玉を作るときのことを考えてみましょう．シャボン玉を作るには，図 3.3 のようにシャボン液に棒のついた円環を入れて，それをシャボン液から素早く空気中に引き上げます．すると，シャボン液の薄膜が空気中にできてそれが閉じてシャボン玉になります．このとき，やはりシャボン膜もバッタの集団だと思ってください．すると，バッタは

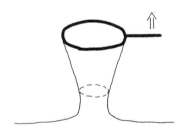

図 3.3　シャボン液から棒のついた円環を引き上げてシャボン膜を作っている様子．このときシャボン膜の表面には多くのバッタが引きずり出される．バッタはこれに抵抗するが，人間の力はこの抵抗力（表面張力）よりも圧倒的に強いので，人間はいとも簡単にシャボン膜を作ることができる.

シャボン膜になろうとすることに抵抗するはずですね．なぜなら空気と接するバッタの数がものすごく増えてしまい，バッタの不幸度が大きくなるからです．別の言い方をすれば，全表面エネルギーはつねに最小にしようとしているので，それが増えるような動きには抵抗するわけです．この抵抗力こそが表面張力に相当するのですが，この力は人間にとってはものすごく弱い力なので通常我々はこの力を感じることができません．

けれども，このような力が実在することは，図3.4のような簡単な実験で確かめられます．割と簡単にできるので，ぜひ，試してみてもらいたいので，やり方も説明します（「**実験してみよう❷**」を参照）．太さが1mmくらいのアルミの針金を用意して，ペンチを使って10cm角位の四角い金枠を作ってください．なるべく四角い面が平らになるように気を付けましょう．そして，その枠の大きさよりも少し長めの針金を切り取り，なるべくまっすぐに整えて金属棒を作ります．つぎに四角い枠が入るような浅くて大きい容器を用意します．そこに水を張り，台所液体洗剤を数滴たらしてください．もしはちみつがあれば少し加えると液体が粘り気を持つようになり，シャボン膜が長持ちして，実験がやりやすくなります．

こうしてできたシャボン液に四角い枠を浸けて静かに空気中に取り出します．きれいにシャボン膜が張れるはずです．うまくいったら，次は，四角い枠の真ん中に先ほど用意した針金の棒を載せてシャボン液に浸けてそっと取り出して水平に保ってください．この様子を示しているのが図3.4aです．そして，おもむろに，先のとがったもの（チリ紙などを細く丸めたものがおすすめです）で片方のシャボン膜をつついて静かに割ってみてください（図3.4b参

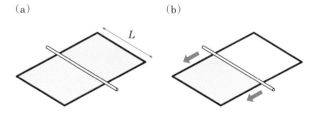

図3.4　（a）水平に保った金枠の中央に金属棒を載せて静かにシャボン液から取り出した後の様子．（b）片側（右奥側）のシャボン膜を先のとがったもので割った直後の状態．この後，矢印の向きに棒が転がりだし，残ったシャボン膜が閉じていく．

照）．すると，金属の棒はコロコロと金枠上を転がって残ったシャボン膜が閉じていきます．

この現象は，シャボン膜中のバッタは隙あらば表面積を減らそうと待ち構えていた，と考えれば容易に納得できると思います．ちなみに，片側のシャボン膜を割る前には，この棒は両方の膜の中にいるバッタから同じ大きさで引っ張られていたので，綱引きのような状態になって「止まって」いたのです．この

実験してみよう❷表面張力を感じよう

用意するもの

1. 太さが1mmくらいのアルミの針金
2. ペンチ
3. シャボン液（水に液体洗剤をまぜる．洗剤の容器に書いてある推奨の濃度にする．だいたいでよい．はちみつがあれば，まぜて，少し粘度を上げると，シャボン膜が長持ちして実験がしやすい．
4. シャボン液を入れる容器（10cm角くらいの四角枠が入る表面積を持ち深さが5cmくらいあるもの）
5. キッチンペーパーもしくはチリ紙

実験道具の用意

1. 図3.4を参考に，ペンチなどを使って，針金を使って持ち手のある枠を作る（10cm角くらい）．
2. その枠にのせられる長さの棒を針金でつくる．
3. 容器でシャボン液を作る
4. キッチンペーパーもしくはチリ紙をよじって先をとがらせる．

実験の手順

1. 作った枠に，棒を乗せて，容器に入れたシャボン膜につけて取り出して，枠にシャボン膜を張る．
2. 枠を水平に保ち，棒で仕切られたシャボン膜のどちらかを先のとがらせた紙でつつく．

研究してみよう

枠を傾けていくと，片側のシャボン膜を割っても止まった状態にできるだろうか？その状態を利用して表面張力を求めることはできるだろうか？（ヒント：表面張力の値は，大体，30mN/m^{2}くらいです．なお，mNはミリニュートンを表し，1Nの1000分の1です）

状態で，片方の膜がなくなり，力のバランスが崩れて，残った薄膜にいるバッタのチームが綱引きに勝ったのです．

　言い方を変えれば，この簡単な実験結果，あるいは，シャボン膜を作ろうとしているときに弱い抵抗力が働いているという事実は，「全表面エネルギーは常に最小になろうとしている＝バッタはつねに最大幸福を求める」という原理を認めれば説明ができます．この原理によって，それに反する動きには抵抗して力（表面張力）が働くことになるわけです．

表面エネルギーと表面張力のまとめと補足

　以上の話を少しまとめると以下のようになります．液体が空気と接する表面ではバッタの不幸度が高い．そのため，バッタの不幸量を考えると大変合理的です．すると，この不幸度の総量が隙あらば最小化されるようになっていて，この結果として面積を増やそうとすると抵抗力が働くことが理解できます．これを少し体裁よく言うと，「全表面エネルギー」は常に最小化される傾向を持っていて，その結果，表面は隙あらば最小になるようになっていて，そのために表面張力が働く，ということになります．

ラプラス圧

　シャボン玉が丸くなるのもシャボン膜の表面積をなるべく小さくしようとしている結果です．シャボン膜はある種ゴム風船のようでもあります．シャボン膜にもバッタがいるので隙あらば縮もうとしているという点でゴム風船に似ているのです．そのため，実は，シャボン玉の内部は外側よりも空気の圧力が高くなっています．この内部と外部の圧力の差をラプラス圧といいます．

　ゴム風船を膨らますときにはゴムの縮もうとする力に逆らって息を吹き入れなければならず，油断すると中に入れた空気がでてきてしまいますね．つまりゴム風船の中の空気の圧力は外よりも高いのです．同じようにシャボン膜の中の空気の圧力は外側よりも高いのです．

ちなみに，図 3.4b で棒に働く力は，金枠の幅 L が長ければ長いほど強いは
ずです．抵抗するバッタの数が増えるからです．であるとすれば，表面の性質
としての表面張力の強さを比較するには棒の同じ長さ（たとえば，1 ミリメー
トルごと）の部分に働く力で比較するのが良いことになります．そこで，表面
張力は単位長さあたりの量として定義し，これを γ（N/m）と表します．図
3.4 の例で，綱引きのたとえをしましたが，このことを表面張力 γ という量を
使ってきちんというと「液体の表面に仮想的に考えた直線は両側の面からその
直線に垂直に，単位長さあたり γ で引っ張られていてつりあいの状態にある」
と表現できます．

表面張力と同様に，表面の性質として表面エネルギーあるいはバッタの不
幸度の大きさを表すには，表面エネルギーも同じ面積（たとえば，1 平方ミリ
メートル）あたりの量として比較したほうが良いことになります．そのため，
表面エネルギーは，ある面積あたりの量として定義し，これを γ（J/m^2）と表
すことにします．

表面エネルギーを表面張力と同じ記号 γ で表しましたが，これにはわけがあ
ります．実は，この二つの量は同じ値であり，同じものを別の見方をしただけ
だからです．これについて，まずは，次元の観点から，考えてみましょう．エ
ネルギーの単位はジュール（J）であり，「力 × 距離」の単位である N·m に等
しいことを思い起こしましょう．すると，表面エネルギーの単位は

$$\frac{\text{J}}{\text{m}^2} = \frac{\text{N·m}}{\text{m·m}} = \frac{\text{N}}{\text{m}} \tag{3.1}$$

より，表面張力の単位である「力 ÷ 長さ」の単位 N/m に一致します．表面エ
ネルギーと表面張力は，少なくとも単位は同じわけです．

両者が物理的にも同じものであることを，図 3.4b を使って説明しましょう．
この図で，図にある矢印と反対の向きに力 F を加えて，ちょうど力がつりあっ
たとしましょう．このとき，シャボン膜の横幅を L として，その表面張力を
γ とすると，この棒はシャボン膜から $2\gamma L$ の力を受けますので，F はこの大
きさとなります．シャボン膜には表と裏の二枚の表面があるので γL ではなく
$2\gamma L$ としました．

つぎに，この状態から，つりあいをたもったまま，矢印と反対の方向に棒が
Δx だけ動いた状態を考えましょう．この変化によって，力がした力学的仕事

●エネルギーと力

皆さんの中には，力という概念に比べてエネルギーという概念は難しく捉えどころがないなー，と感じてきた方も多いと思います．けれども，実は，この例のように多くの（ポテンシャル）エネルギーは力と表裏一体なのです．たとえば，磁石同士に引力が働いている，ということは裏を返せば，磁場のエネルギーが2つの磁石の距離が近いときに小さくなるようになっているので，そのエネルギーを最小にしようとして力が働いている，ということです．また，「重力が働く」という表現のかわりに，地球との距離が小さくなると小さくなる重力エネルギー（万有引力エネルギー）を考え，それが最小になるように力が働いている，といってもいいわけです．

は「力 × 移動距離」として，

$$F\Delta x = 2L\Delta x\gamma \tag{3.2}$$

となります．ここで，力学的エネルギーが保存することを思い起こします．つまり，外力のした仕事は，エネルギーとして蓄えられるのです．この場合には，力 F がシャボン膜にした仕事は，シャボン膜の表面積が増えたことによる，全表面エネルギーの増加に等しいはずです．実際，変化前の状態を変化後の状態と比べると，シャボン玉の表面積は表も裏も $L\Delta x$ だけ面積が増えています．ですから，全表面エネルギーは，単位表面積あたりの表面エネルギーを γ とすると，表と裏をカウントして $2L\Delta x\gamma$ 増加したことになり，確かに，$F\Delta x$ に一致して，矛盾がありません．この議論から，表面張力と表面エネルギーを同じ記号 γ で表すべきであることが分かります．違う値とすると矛盾が生じるからです．

ただし，決定的な違いもあります．それは小さいシャボン玉ほど中の圧力が高いのです．つまりラプラス圧は小さいシャボン玉ほど高いのです．一方，ゴム風船は大きいほど中の圧力が高いですね．この違いは，シャボン玉の表面にはその気になれば内部から多くのバッタが表面に出てこられる（＝引きずり出される）のに対し，ゴムの中のバッタは表面にいるバッタの数がつねに決まっているからです（この違いは，シャボン膜においては分子は液体状態にあるのに対し，ゴムにおいては分子が液体状態ほどは自由に動けないことから生じます）．このため，ゴム膜は伸ばせば伸ばすほど戻ろうとする力が強くなります．だからゴム風船の場合は大きいほうが内部の圧力が高いのです．

しかし，シャボン膜や液体の表面は伸ばされたところで，（すでに説明した
ように）同じ長さの棒についてみるともとに戻ろうとする力は，表面がどれだ
けのばされたかにはよらずに同じなので，伸びが大きいからといってもとに戻
ろうとする力が強くなるわけではないのです．戻ろうとする力は，シャボン膜
がどれだけ伸ばされたかにはよらずに，単位長さに働く力はいつも同じなので
す．まさにそのために小さいほうが圧力が高くなるのです．これを理解するた
めに，これから少し込み入った説明をしてみます．もし難しければ飛ばしても
らっても後のことが理解できなくなることはないので，その場合には，「シャ
ボン玉は小さいほど中の圧力が外に比べて高い」ことだけを覚えておいてもら
えば十分です．

　それでは，説明してみましょう．このために，シャボン膜に生息するバッタ
（液体バッタ）と，シャボン玉の内外に生息するバッタ（空気バッタ）を想像し
てみましょう．液体バッタは隙あらばシャボン膜を縮ませようとしています．
シャボン玉が隙あらば縮もうとしているのに，それができないのは，なぜで
しょう？　このことを理解するには，空気バッタは，液体バッタとかなり違っ
たバッタであり，シャボン膜に内側からそして外側から激しく衝突を繰り返し
ていることを知ってもらいましょう．これは，すでに説明した温度の正体であ
る原子分子の熱振動のことをたとえています．実は，気体の圧力の高低は，こ
の熱振動の激しさによって決まるのです（このことは高校1年生の後半に習う
ようです）．

　そして，その衝突の激しさが内側の方が激しいためにシャボン玉は縮むこと
ができないでいるのです．つまり，シャボン玉が縮まないのは内側の空気バッ
タのおかげなのです．いわば，内側の空気バッタとシャボン膜内の液体バッタ
がせめぎあっているのです．このことを頭において，大きなシャボン玉と小さ
なシャボン玉を比べてみましょう．さらに，シャボン玉は球の形をしていて，
球においては，体積と表面積の比が半径に比例することに注意しましょう．球
の体積が半径 r を3回かけたものに比例し，表面積が半径 r を2回かけたもの
に比例するからです（次ページの「球の体積と表面積」参照）．

　ということは，大きいシャボン玉と小さいシャボン玉では（液体表面にい
る）液体バッタと内側の空気バッタの数の比の大きさが違ってきます．この比

は r に反比例するので，小さいシャボン玉の方が r が小さいので内側の空気バッタに比べてより多くの液体バッタがいるのです（液体と気体で密度は違いますがこの比は r によらず一定）．すると，両者がせめぎあってバランスを保っているとすれば，小さいシャボン玉の方が，より内部の空気バッタが奮闘して，より激しくシャボン膜に当たっていかなければならないはずです．これが小さなシャボン玉のほうが内部の圧力が高くなる理由です（そもそも，内と外の圧力が同じならば，表面張力の効果で，シャボンはしぼんでしまいますので，ラプラス圧とは，正確には，内部が外部に比べ圧力が高くなっていることを表し，その差は半径に反比例します）．

　同じように考えると，滴の内部の液体の圧力は外側の空気の圧力よりも高くなっています．この場合には，表面にいる液体分子と内部にいる液体分子がせめぎあっているのです（実際には，液体中と表面の分子はたえず入れ替っていますが仮想的に分けて上のように考えることができます）．同様に，液体中にできたバブルの場合にも，表面にいる液体分子と内部にいる空気分子がせめぎあっていて，内部の空気の圧力は外部の液体の圧力よりも高くなってい

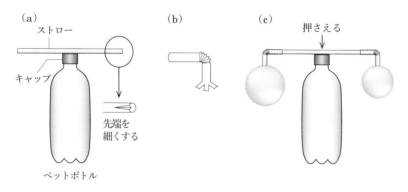

図 3.5　(a) ペットボトルの準備．(b) ストローの準備．**「実験してみよう❸」** の説明参照．(c) シャボン玉を二つつなぐ準備．

実験してみよう❸ 大きなシャボン玉と小さなシャボン玉の運命

用意するもの

1. ストロー 2 本（蛇腹部分があって折り曲げられるもの）
2. ハサミ
3. 水を入れた 500 mL のペットボトル
4. セロテープ
5. シャボン液とそれを入れる容器（ストローでシャボン玉が作れればいい）

実験道具の用意

1. 図 3.5a を参考に，ペットボトルのキャップの上に長さ 3 cm くらいのストローをセロテープ張り付ける．先端が少し細くなるように図 3.5a の拡大図のように折っておくとよい．
2. 図 3.5b を参考に，ストローの蛇腹部分が，大体真ん中になるように 5 cm くらいに切ったものを二本用意する．片方の端に数ミリの切り込みを 5 か所くらい入れて広げておくとよい．蛇腹部分は直角に曲げておく．

実験の手順

1. 図 3.5c を参考に，図 3.5b のストローの切り込みを入れたほうをシャボン液につけてシャボン玉を作り，ペットボトルに張り付けてあるストローにつなぐ．このとき，ペットボトルにつけてあるストローを押さえてつないだシャボン玉が小さくならないようにする．
2. 図 3.5c を参考に，もう片方の（図 3.5b の）先端に切り込みを入れたストローを，ペットボトルにつけてあるストローの反対の端につなぐ．このときも，ペットボトルにつけてあるストローを押さえてつないだシャボン玉が小さくならないようにする．
3. 両方のシャボン玉をつないだら，ペットボトルにつけてあるストローを押さえていた手を離す．

観察して考えてみよう

小さい方が大きい方に吸収されていくにつれ，小さい方の大きさの速さの変化はどうなるだろうか？　その理由はなぜだろうか？（ヒント：ペットボトルに張り付けたストローを空気が移動するとき，空気は粘性のある流体としてふるまい，その流れは，あとででてくる，ポアズイユの流れになっています）．

ます．そして，滴やバブルの半径が小さくなればなるほど，その圧力は高くなります．つまり，ラプラス圧は小さい滴やバブルほど，高いのです．だから，次ページの図 3.6 に示したようにして大きさの違うシャボン玉をつないでやる

図 3.6　ラプラス圧を実感するための実験. 大きさの違うシャボン玉を接続すると, 小さい
シャボン玉は大きいシャボン玉に吸収されるようにしてしぼんでいき, 大きいシャボン玉は大
きくなっていく. これは, ラプラス圧の性質によって, 小さいシャボン玉の中の空気の圧力が,
大きなシャボン玉の中の空気の圧力よりも高いことから理解できる. すなわち, 空気は, 圧力
の高い小さなシャボン玉から圧力の低い大きなシャボン玉に流れていくため, この現象が起
こる.

と, 小さいシャボン玉は大きいシャボン玉に吸収されて消えていくのです.

ラプラス圧の補足

　図 3.7a のように, 真空中において, 半径 R の水滴の内部に生じるラプラス
圧を調べてみましょう. 図 3.7b に示した, この滴の上半分に働いている力の
つりあいを考えます. 水の表面張力を γ としましょう. ただし, 重力は考え
ないことにします. このことは, 後で見るように滴が毛管長という長さより小
さいときに正当化できます. 上半分は, $2\pi R\gamma$ の力で下向きに引っ張られてい
ます. この円 (円周) は, 上下の半球の表面から単位長さあたり γ の大きさで
引っ張られて綱引き状態にあるからです.

　他に力が働いていないとすると上半分は止まっていることができなくなり
ます. 実際には止まっているので, それは, この上側の半球は下側の半球と接
している円の部分 (図の灰色の箇所) が, 下の半球から圧力を受けているから

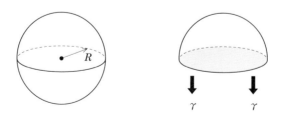

図 3.7　(a) 真空中の半径 R の滴. (b) 上半分の半球部分. 下半分と接している半径 R の円
の部分を灰色で示した.

です．その大きさを Δp であるとしましょう．

つまり，面積 πR^2 の底面に働く $\pi R^2 \Delta p$ と，表面張力による力 $2\pi R\gamma$ がつりあうことになります．したがって，

$$\pi R^2 \Delta p = 2\pi R\gamma \tag{3.3}$$

が成立します．この結果，内外の圧力差であるラプラス圧 Δp は次式で与えられます．

$$\Delta p = 2\gamma/R \tag{3.4}$$

このラプラス圧の公式は，確かに，小さな滴ほど，内部の圧力が高いことを示しています．なお，実際の（真空中ではなく）空気中にある滴の場合，上の半球には，上側の球面上の部分と，下側の底面の円の部分に，大気圧 p_0 が余分にかかっていますが，詳しい計算によって，両者は打ち消しあうことを示すことができます．

参 考 一般の曲面におけるラプラス圧

なお，ラプラス圧はもっと一般的には，曲率 C という量を用いて

$$\Delta p = \gamma C \tag{3.5}$$

と表されます．この曲率という量は

$$C = \frac{1}{R_1} + \frac{1}{R_2} \tag{3.6}$$

と定義されます．R_1 と R_2 は曲率半径と呼ばれる量で，局面の各点で定義できる量です．

たとえば，次ページの図 3.8a のような洋ナシの表面を考えた場合には，点 A での曲率半径は，点 A での法線（点 A の付近の曲面を拡大したときに現れる平面に垂直な線）を考え，この法線を含む互いに直交する平面を考え，それぞれの平面と洋ナシの表面の交線を考えます．その二つの交線に点 A で接する 2 つの円（接円）の半径を R_1 と R_2 の大きさと定めます．これらの量は符号も持っていて，先ほど考えた接円の中心が表面の内側にあればプラス，外側にあればマイナスです（直交 2 平面のとり方は無限にあり，とり方によって R_1 と R_2 の値は変わることもありますが，それらの逆数を足した曲率 C の値は，直交 2 平面のとり方には依らないことが分かっています）．

この曲率の定義に従えば，図 3.8b のように，球においては R_1 と R_2 はどちらも大きさが球の半径 R に等しく，符号がプラスであることが確認できますね．ですから，$C = 2/R$ です．これと式（3.5）および（3.6）から式（3.4）がちゃんとでてきますね．

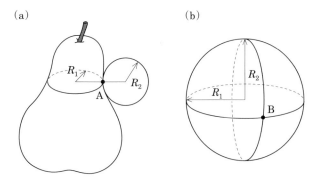

図 3.8 　 (a) 洋ナシの点 A における 2 つの接円が点 A における法線を含む直交 2 平面に描かれている．(b) 球面の点 B における法線を含む直交 2 平面と球面が作る点 B における接円は，これらの平面と球の交線と一致し，それらの半径はともに球の半径に等しい．

固体平面の上の滴と界面エネルギー

　さて，次は小さな滴をテーブルの上にたらしてみましょう．すると，たとえば，図 3.9 の上から 3 番目のように，丸っこい滴がテーブルの上にひっつくようになります．このこともエネルギーを考えると理解できます．

●3 つの界面エネルギー：$\gamma, \gamma_S, \gamma_{SL}$

　テーブルの上に乗った液滴は，上の丸っこい部分で空気と接していますが，底の部分はテーブルと接しています．前者は気体と液体が接している界面な

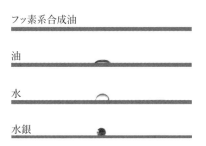

図 3.9　同一の固体の表面にいろいろな液体の滴を垂らしたときの様子（de Gennes, Brochard-Wyart, and Quéré, "Gouttes, bulles, perles et ondes," 2003（吉岡書店『表面張力の物理学』）の CD をもとに作成）．

ので「気液界面」，後者は液体と固体が接している界面なので「固液界面」と呼ぶことにしましょう．

「気液界面」では，液体分子（液体バッタ）の不幸度を考えて液体の表面エネルギー γ（J/m^2）を単位面積あたりの量として考えました．よく考えると，気体分子（気体バッタ）も「気液」界面では不幸になっています．しかし，界面上での気体バッタの面密度（単位面積あたりの個数）は液体バッタに比べて圧倒的に小さいので，その不幸度は，液体バッタの不幸度に比べて小さいので無視します．

「固液界面」では，固体分子（固体バッタ）と液体分子（液体バッタ）の両方が不幸になっています．ですので，この界面には，固体バッタと液体バッタの両方の不幸度を考慮した，固液界面エネルギーを考えることが合理的です（固体と液体の密度の差は，これらを気体とした場合と比べるとそれほど大きくはないためです）．これをやはり単位面積あたりの量として γ_{SL}（J/m^2）と表すことにします．この記号 γ_{SL} で，S は固体（Solid），L は（Liquid）の頭文字を表しています．

このように考えると，「気固界面」における固体分子（固体バッタ）の不幸度を考えないのは不合理です．これも気体分子については無視して考えるので，単に固体の表面エネルギーと呼ぶことにします．これは記号 γ_S（J/m^2）と表します．この記号 γ_S の S は固体（Solid）の頭文字を表しています．

●固体平面の上の滴の形

テーブルの上の滴の形は，これらの「液体の表面エネルギー γ」と「固体の表面エネルギー γ_S」，および，「固液界面のエネルギー γ_{SL}」にそれぞれの面積をかけた総エネルギーが最小になるように決まっています．これは，「液体バッタ」と「固体バッタ」の最大幸福を求める結果と考えれば自然なことと感じられるでしょう．

滴がテーブルに触れるとくっつきたがるのは，「液体バッタ」と「固体バッタ」の総不幸量である全界面エネルギーが，くっついた方が減るからです．滴が空気と接している（球面の一部のような）部分の面積は，次ページの図3.10のaとbを見比べれば，くっついた方が減るのが分かりますね．少なくとも，

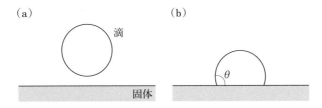

（a）   （b）

滴

固体

θ

固体

図 3.10　テーブルの上の滴の運命を左右するエネルギーを理解するための図.（a）テーブルに
接していない状態.（b）テーブルに接した状態. 図の角度 θ を接触角という. a と b の滴の体
積は同じであるとする.

この方が液体の表面（のバッタの数）が減るので, 液体の表面エネルギーの総
量は減らすことができます. ところが, バッタはそれ以外の場所でも, テーブ
ルに引っ付くことによって, 不幸量を減らしたり, 増やしたりしています. こ
れを理解するために, 滴がテーブルに接している円の部分に着目しましょう.

この部分は滴が引っ付く前には乾いていたので固体の表面エネルギーがあり
ました. それが滴が引っ付いたことによって, なくなったのです. 不幸な「固
体バッタ」の数が減ったのです. けれども, 話はそう簡単ではありません. そ
の一方で, この部分には固液界面ができてしまったからです. だから,「固体
バッタ」と「液体バッタ」は, この部分では双方とも多少なりとも（まわりを
同種のバッタに囲まれているときよりは）不幸に感じているはずです. しかし
こうなってくると, 一体, どうすれば最大幸福になるのかは, 3 つの界面エネ
ルギーの大小関係によって変わってくるので, なかなか複雑なことに気づきま
す. たとえば,「液体バッタ」は気体との表面に引きずり出されるのと固体と
の表面に引きずり出されるのとどちらが不幸なのかにもよって最大幸福の状
態が変わってきます.

こうして, このちっぽけな滴の形は, 3 種類の界面エネルギーの複雑なバラ
ンスによって決まることがお分かりいただけたと思います. 複雑にはなりま
すが, あくまで,「液体バッタ」と「固体バッタ」の全不幸度が最小になるよ
うに, 滴の形が決まっているのです. こんな日常的に目にしていたちっぽけな
滴の形も厳格に物理学の法則で支配されて決定されているのです.

実際, 固体と液体の組み合わせが違ってくると図 3.9 の 4 つの例のようにい
ろいろな滴の形が現れます. いつでも球がある平面で切り取られたような形

をしていますが，このことは，詳しい計算をしても，全界面エネルギーの最小化の結果として理解できることがわかっています．なお，ラプラス圧の観点からは，滴の形が球面の一部になっているということは，液体の内部で圧力が一定になっていることを意味するので，流れを生じることなくつりあいを保っていられるということと整合しています．

●接触角と接触線

滴が固体と接触する場所での角度を接触角といいます（図 3.10b の角度 θ）．図 3.9 の一番上はこの角度がゼロに近いやや特殊な場合，2 番目から 4 番目にかけては接触角が順に大きくなっていっています．一番上が液体が固体をよく濡らす場合，一番下が固体が液体をよくはじく場合，ということもあります．接触角が 90 度よりも小さい場合を親水性（親液性），大きい場合を撥水性（撥液性）と呼ぶこともあります．

液体が固体に接している部分は円を描いていますが，この円周を接触線と呼びます．この線上では，あとででてくる図 3.11 のように，液体と固体と空気の三相が接する線なので三重線とも呼ばれます．

固体表面の上の滴と界面張力

上に述べたテーブルの滴の形に関する話は，エネルギーに着目して説明しました．しかし，前に説明したようにエネルギーと力は表裏一体なので，上の説明は力の説明でもできます．界面エネルギーというのは単位面積あたりの不幸度なので，その値が大きいほうが，その界面の面積を広げようとしたときに，よりバッタが強く抵抗するということを意味します．つまり，界面エネルギーに対応する界面張力は，界面エネルギーが大きいほど強いのです．

実際，液体の表面エネルギーの場合に説明したように，（単位面積あたりの）界面エネルギーとその界面の単位長さあたり働く界面張力は同じ値になります．ですから，3 つの界面エネルギー $\gamma, \gamma_S, \gamma_{SL}$（単位は J/m^2）に対応して，3 つの単位面積あたりの力として定義される界面張力があり，それぞれ，$\gamma, \gamma_S, \gamma_{SL}$（単位は N/m）と表すことができます．

これら3つの界面張力をもとに滴の形について考察してみましょう．その
ために，まず，図3.4の例に関して，綱引きをたとえにして説明したことを思
い起こしてください．「気液界面に仮想的に考えた直線は両側の面からその直
線に垂直に，単位長さあたりγで引っ張られていてつりあいの状態にある」と
いうことです．同様のことが，固気界面，固液界面にもいえ，仮想的な線の単
位長さあたりに，その線に垂直に両側から，それぞれ，γ_Sとγ_{SL}で引っ張ら
れています．このことを頭において，滴がテーブルと接触している円の円周上
での力のつりあいを考えてみましょう．接触線の上のある点に着目しその場
所での滴の断面を拡大してみたのが図3.11です．

　このように接触線においては，空気，水，固体が接しています．接触線は本
来，円ですが，このようにある点で拡大するとそのまわりでは短い直線とみな
せます．この線分は図3.11において紙面に垂直な線分です．この短い線分に
ついての力のつりあいを考えましょう．破線で丸く囲んだ部分に着目すると
（この円の中心が接触線の断面を表します），この部分は，点A, B, Cの3点に
おいて3つの界面を横切っています．だからその部分でそれぞれ図に書いて
ある矢印の向きに引っ張られています．この矢印の大きさは，図に示したよう
に界面を横切る線の単位長さあたりの力である界面張力の大きさになってい
ます．そして，これらの3つの力がうまくつりあうように滴の端の角度（図に
θとして示した接触角）がきまっています（79ページの **参考** 参照）．そし
て，このように力で考えた計算結果と，エネルギーで考えるとでてくる角度の
計算結果は，正確に一致します．

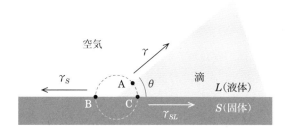

図3.11　滴がテーブルに接している部分を拡大した断面図．図のθは接触角である．破線で
囲まれた部分は，3点A, B, Cにおいて，3つの界面を横切るので，その部分で3つの界面か
らそれぞれの界面に平行でそれぞれが縮む向き（3つの矢印の向き）に力を受ける．

このようにしてみるといままで気にも留めていないくらいありふれている滴も立派な物理現象のひとつであることがお分かりいただけたのではないでしょうか？　実は，このような滴のふるまいは，皆さんが日常生活で使用している傘やレインコートなどの工業製品でも重要な撥水性や親水性に直結しているのです．

界面張力と滴の形のまとめと補足

　3つの界面エネルギーは単位面積当たりのエネルギーとしてそれぞれ $\gamma, \gamma_S, \gamma_{SL}$ とかけ，これに対応して3つの界面張力が単位長さあたりの力として $\gamma, \gamma_S, \gamma_{SL}$ と表せることを学びました．そして，滴の形，接触角は，これらの界面エネルギーにそれぞれの面積をかけて和を取った全界面エネルギーが最小になるように決まっていることを説明しました．また，接触角は，界面エネルギーのつりあいで決まっていることも説明しました．なお，この水平方向のつりあいは，接触角 θ がゼロのときには，図 3.11 において，γ が水平になるので，

$$\gamma_S = \gamma + \gamma_{SL} \tag{3.7}$$

となることが分かると思います．これをこの本では（接触角ゼロのときの）ラプラスの式と呼びます．

> **参考　接触角がゼロでないときのラプラスの式**
>
> 　接触角がゼロでないときは接触角を θ として，三角関数を使うと
>
> $$\gamma_S = \gamma \cos\theta + \gamma_{SL} \tag{3.8}$$
>
> と書けます．本来はこちらをラプラスの式と呼びます．
>
> 　これは図 3.11 における3つの力 $\gamma_S, \gamma, \gamma_{SL}$ の水平方向の力のつりあいですが，鉛直方向のつりあいはどうなっているのでしょうか？　表面張力 γ は，接触線のところで固体の表面を上に引っ張っているはずです．実は，この力に対抗して固体の（ゴムのような性質に由来する）弾性エネルギーが働いているのです．
>
> 　もし仮に，ペンキ塗り立ての表面に運悪く雨が降ってしまい，それが乾いていくときにどんなことが起こるか想像できますか？　そんなことになったら，せっかくきれいに平らに塗った塗装面が，小さなクレーターのような穴ぼこだらけになってしまうのです．なぜなら，滴が生乾きのペンキの表面を上に引っ張っているうちに乾燥してペンキが固まってしまうからです．

身近な現象の例：毛管接着

この節の最後に，身近な例をひとつ紹介します．皆さんは顕微鏡でものを観察したことがあると思います．そのときにはスライドガラスという長細いガラスの板の上に液体を垂らし，その上にカバーガラスという薄い正方形のガラス板をそっと乗せたことがありますね．そのときに，カバーガラスが吸い付くように細長いガラス板に乗ることを経験したことがあるはずです．これは，水が空気に触れているよりもガラス板の表面に触れていた方が全界面エネルギーが下がるからです．

この現象に対しては毛管接着という言葉がつけられていて，2枚の平らな板の間に水が入り込んだ場合に生じる力で，水は薄膜のように押しつぶされて，強力な接着力となります．たとえば，宇宙空間ではなんでも空中を漂ってしまいますが，コップの底に水を数滴つけてテーブルの上に置けば，コップは毛管接着によってしっかりとテーブルに固定できます．この力は，地球上でも上のように顕微鏡の観察時に体験できます．カバーガラスを上に引っ張ってはがすことはとてもできないはずです（横にずらしてはずすしかない）．

コンタクトレンズを使っている人にしかわからない説明になってしまいますが，レンズが瞳の上にうまく乗っていたり，コンタクトレンズを外すときにずらすような動作をすると簡単にはずせるのは，このような表面エネルギーを考えると理解ができます．

3.2　大きな滴（しずく）の物語

いままでの話では，滴は表面積を減らすために丸っこくなるということを主張してきました．しかし，そんなことを言われても水はいつもは丸くないではないか，という声が聞こえてきそうですが，その通りなのです．たとえば，コップに入った水をテーブルにこぼしてしまったときに，水は平べったくなりますね．ところがです．注意してみるとその平べったい水たまりの外周部分はある意味で丸っこいことが分かると思います（ぜひ，いま，確かめてくだ

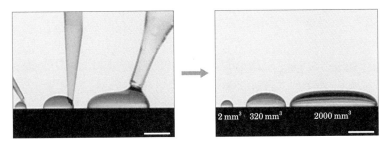

図 3.12　テーブルに落とした大小の滴. 小さくなるほど丸っこい. 右下の白い横線は毛管長の 2 倍の長さを表す (de Gennes, Brochard-Wyart, and Quéré, "Gouttes, bulles, perles et ondes," 2003 (吉岡書店『表面張力の物理学』) の CD をもとに作成).

い！！）. けれども, こぼす量をどんどん小さくしていってみるとやがて, 丸っこい滴がテーブルにへばりついたようになります. この様子をコップで水をこぼすのではなく, スポイトで水を垂らしたときの様子が図 3.12 です.

　どうやら, 滴は小さいと丸っこいということがわかりましたね. 実際, たいていの人は, 撥水性のよい新品の傘の上で, 小さな丸っこい滴が転がるのを見たことがあると思います. では, なぜ大きいと平らになるのでしょうか？　それは, ずばり, 重力エネルギーをなるべく小さくしようとしているから, あるいは重力が働いているからです. 高いところに持ち上げられたものは支えがなくなれば下に落ちる, という原理です.

　つまり, バッタの気持ちを考えれば, 丸くしたいのですが, 高いところに持ち上げられたものが下に落ちたいという事情もあるのです. これを, 物理の言葉でいうと, 表面エネルギーも小さくしたいし, 重力のエネルギーも小さくしたい, ということになります. あるいは, 表面張力と重力が働いているといってもよいでしょう. 重力が働いているということと, 重力のエネルギーを小さくしようとしているというのは表裏一体で, 本質的には同じことの言いかえと思ってもらってかまいません (68 ページの「エネルギーと力」参照). 重力のエネルギーを小さくしようとしているから, それに逆らおうとすると働く力が重力なのです. 同様に, 表面エネルギーを小さくしようとしている, つまり, なるべく面積を小さくしようとしている場合には, その表面を増やそうとすれば, それに逆らおうとする力が働くのであり, それが表面張力なのです.

実験してみよう❹ テーブルの上の滴

用意するもの

1. 表面が平らな机
2. あまり傷のついていない下敷き
3. スポイト
4. 水を入れた容器とシャボン液を入れた容器．容器の大きさはスポイトが入れば よい．この場合のシャボン液にははちみつは入れない．水に，洗剤の容器に書いてあ る推奨値の濃さになるように洗剤を垂らしてシャボン液を作る．

実験道具の用意：特になし

実験の手順

1. 図 3.9 を参考に，スポイトでいろいろな大きさの水滴を机の上と下敷きの上に 垂らす．
2. 同様に，シャボン液を垂らす．

観察してみよう

横から厚みを比べてみよう．十分平べったくなった滴は，液体と固体の組み合わせ が同じなら，同じ厚みになっていることを確かめよう．もし，紙やすりがあれば，下 敷きをこすってみて，そこに滴を垂らして，平らな部分にのせた場合との接触角の違 いを比べてみよう．ざっくりというと，表面に物理的な凹凸ができると，平らな場合 に濡れやすい場合（接触角が 90 度以下の場合）には，より濡れやすくなります（接触 角が下がる）．反対に濡れにくい場合は，より濡れにくくなります（凹凸がつくことで 接触角が上がる）．このように，凹凸によって，もともとの濡れ性が強調されるように なります．

　今後は，バッタの気持ちとか高いところに持ち上げたものは支えがなくなれ ば落ちるなどと表現するのは大変なので，表面エネルギーと重力エネルギー， あるいは，表面張力と重力，という言葉を使うことにします．

　とにかく，この表面エネルギーと重力エネルギーの相反する要求の折り合い をつけて，図 3.12 の大小の滴の形が決まっているのです．大きな滴の場合に は，重力エネルギーが表面エネルギーより相対的に重要になり，小さな滴の場 合にはその逆になるのです．あるいは，単に，大きな滴では表面張力よりも重 力の方が相対的に強く働き，小さい滴ではその反対になる，といってもかまい ません．このような事情から，宇宙船の中では重力の効果が小さいので，滴は 大きくても丸くなります．

実験してみよう❺コップに入れた水の縁の盛り上がり

用意するもの

1. 少し汚れたコップ
2. きれいに洗ったコップ
3. 水

実験道具の用意：特になし

実験の手順

1. 図 3.13 を参考に，少し汚れたコップときれいに洗ったコップに，それぞれ，水を半分をほど入れる．

観察して考えてみよう

横から盛り上がりの高さと接触角を比べてみよう．表面の汚れによる違いはどのように考えると理解できるのか考えてみてください．

このような表面張力と重力のせめぎあいは，ミリメートル程度の大きさで起こります．この特徴的長さを毛管長といい，水の場合，3 ミリ程度の長さです．この程度の長さは，注意していないと見過ごしてしまいますが，逆にいうと，ちょっと注意すると日常生活のいろいろな場面で見つけることができます．

たとえば，コップをきれいに洗ったら，それに半分ほど水を入れて真横から注意深く水とコップが接する部分を見てください（今，確かめてください！）．すると図 3.13 のように，水のふちが盛り上がっていることに気が付くはずです．水がガラスの表面を好むためなるべくガラスと接する面積を増やしたいものの，重力の観点からは，水面は平らであってほしいわけです．まさに表面エ

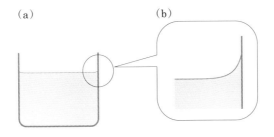

図 3.13 （a）コップに入った水を真横から見た図．（b）コップの縁を拡大した図．

ネルギーと重力エネルギーのせめぎあいの結果がこの形なのです．その結果，盛り上がっている部分のサイズは，毛管長で決まります．界面エネルギーの効果で，コップの壁面と接している周辺部分では液面が盛り上がり，コップの壁面から遠ざかると重力のエネルギーに屈して平らになるのです．

　このせめぎあいをよく観察できるのが毛管現象です．表面張力は，時として毛管力と呼ばれ，表面張力あるいは表面エネルギーを実感できる現象です．この現象は「毛管」というガラスでできた細管を鉛直に立ててその下端を水につけると簡単に観察できます．水につけるやいなや，水は重力に反して細管の内部をよじ登っていきます．これは水がガラスの面を好むからです．

　ところが，ある程度までよじ登ると，重力エネルギーも重要になってくるので，あるところで折り合いをつけて止まります．どの高さで止まるかは，図3.14のように，細管の内径に依って決まります．内径が細いほうが，表面張力がよく効いて，より高くまで上ります．ちなみに，毛管は少量の液体を測り取るための道具として製品化されていて購入することができます．小学校や中学校，あるいは高校でも理科の時間にぜひ見せてほしい実験です．

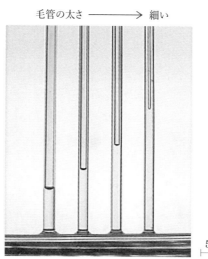

毛管の太さ ──────→ 細い

5 mm

図 3.14　毛管上昇の様子．細い毛管ほど水が高くまで上昇して止まる．界面エネルギーと重力エネルギーが妥協した場所で止まる（毛管の内直径は左から順に 0.6, 0.43, 0.3, 0.15 mm）．(de Gennes, Brochard-Wyart, and Quéré, "Gouttes, bulles, perles et ondes," 2003（吉岡書店『表面張力の物理学』）の CD をもとに作成).

また，急須でお茶を入れるとき，うまくやらないと，急須や茶碗の表面を伝ってあちこちが水浸しになるということを経験していると思います．あたかも，お茶（水）が急須や茶碗の表面にまとわりつくように感じることがあると思います．これは，お茶（水）が空気より急須や茶碗の表面の方が好きだからであり，それと下に落ちたいという重力エネルギーがせめぎあっているのです（この場合には運動エネルギーもかかわってきます）．とはいうものの，この例のような動力学が絡んでくると，いまだにすっきりとした物理的な理解はありません（この急須の問題を研究した論文が少し前にアメリカ物理学会の速報誌で発表されています）．

表面張力と重力の競合の補足：毛管長と毛管上昇

●水圧の話：重力の効果

　表面張力に起因する圧力として，ラプラス圧を紹介し，その大きさは，小さな滴ほど大きいことを紹介しました．次に，重力に起因する圧力としての水圧を復習しましょう．皆さんは，少なくとも，この力が，水中にもぐればもぐるほど大きくなることを知っていると思います．圧力は単位面積当たりの力なので，図3.15のように，水中に断面積が単位面積の柱を考えれば，この体積 h（$= 1 \times h$）の円柱にかかる重力が，水の密度を ρ，重力加速度を g とすると，$\rho g h$ となります．したがって，この円柱にかかる，鉛直方向の力のつりあいから，圧力差 Δp は次式で与えられます．

$$\Delta p = \rho g h \tag{3.9}$$

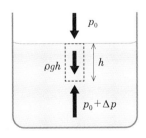

図3.15　水圧の説明図.

●毛管長

さて，これまでに，表面張力と重力の圧力の効果が，それぞれラプラス圧と水圧で与えられ，それらが，式 (3.4) と式 (3.9) で与えられることを学びました．着目する系を特徴づける長さとして，それぞれ R と h が入っていましたが，これを両者とも共通の l に置き換えましょう．すると，表面張力の効果であるラプラス圧 γ/l は長さが短いほど大きくなり，反対に，重力の効果である水圧 $\rho g l$ は長さが長いほど大きくなることが分かります（ここでは簡単のためラプラス圧の公式の係数 2 は省略しました）．そこで，両者が一致するときの長さである毛管長を次式を満たす長さとして定義します．

$$\gamma/l = \rho g l \tag{3.10}$$

この式を l について解いて毛管長 l_0 を求めると次式を得ます．

$$l_0 = \sqrt{\frac{\gamma}{\rho g}} \tag{3.11}$$

以上の議論から，この毛管長という長さを境に，ラプラス圧と水圧の大小関係が入れ替わります．つまり，毛管長より小さなスケールでは表面張力の効果が支配的になり，毛管長より大きなスケールでは逆に，重力の効果が支配的になるのです．

上では，圧力の観点から，二つの効果を比較しましたが，エネルギーの観点から比較しても同じ結論となります．なぜなら，半径 R の滴の表面エネルギーは $4\pi R^2 \gamma$ であり，重力の位置エネルギーは「質量 × 重心の高さ × 重力加速度」で与えられるので $(\rho 4\pi R^3/3)(R/2)g$ となり，両者の係数を取って等しいと置くと

$$R^2 \gamma = \rho R^3 R g \tag{3.12}$$

となり，これを R について解いてその解を l_0 とみなすと，確かに，式 (3.11) が導出されます．

なお，以上の議論では，次元のない数値係数を省いて議論しましたが，このような議論を，スケーリングレベルでの議論と呼びます．通常，スケーリング則では次元のない数値係数は重要ではないからです．

●毛管上昇の静力学

半径 R の毛管に高さ H まで液体が上昇してつりあったとします．浸透している高さ H の水の円柱に着目します．簡単のため水と毛管の壁の間の接触角はゼロであるとします．

まずは <u>圧力の観点</u> から考えてみましょう．接触角がゼロなので，この円柱の上端では，図 3.16 のような半球の気液界面ができています．この界面の直下の点 A での圧力は，ラプラス圧を考えると大気圧を p_0 として，$p_A = p_0 - 2\gamma/R$ です．今の場合，ラプラス圧がマイナスになることに注意してください．一方，静止した水槽の中では同じ深さにある点での水圧は等しいので，図 3.16 のように，浸透している高さ H の水の円柱の底面の水圧は大気圧と同じ p_0 です．一方，液中に働く重力を考えると，点 A での圧力は $p_A = p_0 - \rho g H$ であるはずです．やはり，マイナスがついていますが，これは，この圧力に水圧 $\Delta p = \rho g H$ が加わったものが底面での圧力 p_0 になるべきだからです．このようにして，点 A での圧力が二通りの方法で求められました．矛盾が生じないためにはこの二つの値は等しくなければなりません．つまり，$p_0 - 2\gamma/R = p_0 - \rho g H$ が成立します．これを H について解くと

$$H = \frac{2\gamma}{\rho g R} \tag{3.13}$$

となります．つまり，上昇の高さは，毛管の半径 R に反比例します．毛管力

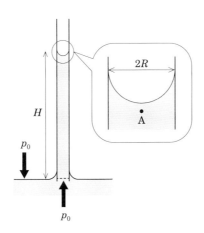

図 3.16　圧力の観点から見た毛管上昇．

は関係する長さが小さいほどよく効くことを反映した結果です.

ここで, 上の議論は, 実は, $H \gg R$ が成立していないとおかしなことになります. なぜなら, 液円柱の高さを H としていますが, 実は, この「円柱」の上の部分には図3.16に示したように半球の気液界面ができているので, 界面は円柱の中心では円周部分より R だけ高さが低くなっています. H が R に近いと, 液円柱の高さとして何を取ればいいかはっきりしなくなってきますね. でも, $H \gg R$ が成り立っていれば, このことは心配しなくていいわけです.

次に 力の観点 から考えてみましょう. 液柱の上端と下端では, 円周上に, 図3.17の上の吹き出し左側の図と下の吹き出しの図のように, それぞれ, 単位長さあたり, $\gamma + \gamma_{SL}$ の上向きの力と γ_{SL} の下向きの力が働いています. γ_{SL} 分は上下で相殺するので, 結局, 長さ $2\pi R$ の円周上に $2\pi R\gamma$ の上向きの力が働きます (液柱の上端では, "上端"の位置を少し上にずらして, 円周上に単位長さあたり γ_S の力が働いているとみても構いません (図3.16の上の吹き出しの右図). この場合は, 上端と下端での円周上の単位長さに働く力の合計は $\gamma_S - \gamma_{SL}$ となりますが, これは (接触角ゼロのときの) ラプラスの式 (3.7) を用いると, 結局, γ となり, 同じ結果を得ることができます).

残るは重力です. 液円柱の体積は $\pi R^2 H$ なので, これは下向きに $\rho\pi R^2 Hg$ となります. よって, 上に述べた表面張力 (界面張力) とこの重力のつりあい, $2\pi R\gamma = \rho\pi R^2 Hg$ が成立し, この式を H について解くと式 (3.13) が再現されます. この場合にも, 液円柱の体積が $\pi R^2 H$ とできたのは $H \gg R$ の仮定があるからです.

参考 エネルギーの観点

次にエネルギーの観点から考えてみましょう. これは, 3つの観点の中では一番, 高度な知識を必要とします. 結果は, 上の2つと同じです. まず, 円柱の表面エネルギーを考えてみます. エネルギーはつねに基準状態との差を取った変化分を考えることになり, この場合, 液体が浸透する前を基準に取ります.

円柱の側面では, 乾いていた面が液体で濡れるので, 単位面積あたりのエネルギーが γ_S から γ_{SL} に変化し, 変化量は $\gamma_{SL} - \gamma_S = -\gamma$ となります. ここで, (接触角ゼロのときの) ラプラスの式 (3.7) を使いました. したがって, 側面でのエネルギー変化は表面積 $2\pi RH$ をかけた $-2\pi RH\gamma$ となり, エネルギーはマイナス, つまり, 下がります. だから登ろうとするのです. 次に, 重力の位置エネルギーを考えます. これは, 「質量 × 重力加速度 × 重心の

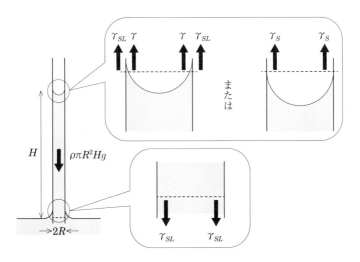

図 3.17　力の観点から見た毛管上昇. 円柱の上端の位置のとり方で, 上の吹き出し (拡大図) に二通りの絵が描いてあるが, ラプラスの式を使えば両者は同じであることが分かる (本文参照).

高さ」となるので, 円柱の体積が $\pi R^2 H$ であること, 重心の高さが $H/2$ であることを考慮して, $\rho \pi R^2 Hg H/2$ となります. こうして求めた二つのエネルギーを足したものが, 液円柱のエネルギーで, 次式となります.

$$E(H) = -2\pi R H \gamma + \rho \pi R^2 g H^2 / 2 \tag{3.14}$$

力学では, つりあいはこのエネルギーが H に関して最小になるように決まります. これは数学的には, $E(H)$ を H で微分したものがゼロということに相当します. これは大学の力学の知識ですが, これを使うと, 式 (3.13) が再現されます. ただし, スケーリングのレベルで微分は割り算であるとしても, 係数をのぞいては, ちゃんと, 式 (3.13) が再現されます. この場合も, $H \gg R$ の仮定がないと, 液円柱の体積と表面積が正当化されません. 液柱の上端は, 図 3.16 や図 3.17 に示したように半球の気液界面になっているからです. ですから, 上の議論は, やはり, この仮定のもとでの議論となります.

身近な現象の例：日本が世界に誇る一円玉！?

　日本に限らず, 噴水などに硬貨が投げ入れられていることがありますね？ ところが, 日本の場合は特別なのです. 水に浮いている硬貨を見たことがありませんか？ そうです. 一円玉は, 水に浮かべることができるのです.

●国際会議での研究者を前にした演示実験

2018年の夏，アメリカで行われた粉粒体の合宿形式の国際会議で注目されたトピックスに，水面に小さな物体を浮かべて，それらに働く力や，それらが密集してきたときに「粉粒体」としてどのようにふるまうのか，というテーマがありました．私は，主催者から招待され，表面張力に明るい粉粒体分野でも研究を行っている研究者としてこのトピックスのディスカッションをリードする役割を任されました．

そこで，そのセッションの導入のための講演で，私は演示実験を行いました．小さなシャーレに水を入れて，おもむろに一円玉を取り出し，そっと，表面に載せ，水面に浮かべました．そうすると，最先端で研究を行っている専門家集団がどよめきました．さらに，一円玉をもうひとつ浮かべました．すると，水面に浮かんだ二つの一円玉は，ゆっくりと近づき始め，ついに接しました．さらに，私が，小さな注射器を取り出して，ある液体をそっと浮かんだ一円玉の近くに垂らすと…，一円玉は逃げるように勢いよく水面を動いていきました．さらにその液体を加え続けると，一円玉はあえなく水に沈んでいきました．

演示実験は狙った通りに成功し，講演が終わった後でも，びっくりしたとか，とても良い導入だった，ものすごく印象に残っている，とかの感想を聞きました．日本人なら，これほどのリアクションはなかったかもしれません．たいていの日本人は，どこかで，一円玉が水に浮いているのを見たことがあるのだと思います．ところが，世界広しといえども，水に浮く絶妙の大きさと材質を持つコインは日本以外にないのです！

●一円玉が水に浮かぶわけ

もちろん，一円玉は表面張力によって水に浮いています．水に浮いている一円玉をよく見ると，一円玉の上面は，図3.18aのように，水面より少し下の位置にあることがわかります．そして，この図のように，その縁（円周）の部分で表面張力が一円玉を斜め上に引っ張っていることがわかります．

ここで，ポイントになるのは，接触線が一円玉の角で成す角度（これを θ' とする）が変化しても，接触線は，あたかもピン止めされたように動かないこ

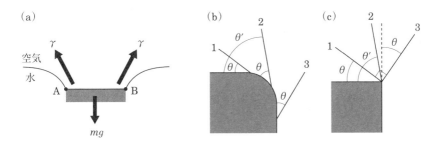

図 3.18　(a) 水に浮かんだコインに働く力のつりあい. (b) コインの縁での接触線のピン止めの説明図. (c) 遠目に見たときのコインの縁の様子. b の 1, 2, 3 の状態が, c のそれらに対応している.

とです. このように「接触線のピン止め」が生じる理由は, 図 3.18b のように角の部分を拡大するとカーブした曲面であると考えると納得できます. この場合, 接触線の位置がわずかにずれるだけで, 接触線付近での角度 θ を変えずに, 遠目に見たときの液面の角度 θ′ を調整することができるからです. つまり, コインの角では接触線は図 3.18c の 1 と 3 の状態の間の任意の角度 θ′ を取ることができます ($\theta \leqq \theta' \leqq \theta + \pi/2$). そのため, 接触線が角度 θ′ を調整しようとして図 3.18b のように移動していても, 遠目には接触線が図 3.18c のように動かず, ピン止めされたように見えます.

　見かけのピン止めが理解できたところで, 一円玉が浮いた状態でつりあいを保っている理由を力の観点から考えてみましょう. 図 3.18a のように, 一円玉の縁の円周部分で, 一円玉は斜め上に引っ張られています. この力を点 A と B でペアにして考えれば, 水平成分は, 打ち消しあっていることが分かります. それでは, 鉛直成分はどうなっているのでしょう. もちろん, 重力とつりあっているのです. 接触線がピン止めされたままのコインの縁での角度を調整することで, つりあいが達成されているのです (中学の理科で習った, 力の分解を思い起こし, 矢印の大きさが同じであれば, その向きを水平に近くすれば鉛直成分は減り, その反対にすれば, 鉛直成分が大きくできることに注意してください).

　エネルギーで考えれば, 重力のエネルギーを下げようとして一円玉は重心を下げようとしています. しかし, それによって水面が平面から変形し, 表面積が増えているので, 水分子のバッタが例によって嫌がります. このようにし

て，両者がせめぎあい，つりあいが成立します．

> **参 考　一円玉が引き合うわけ**
>
> 　水に浮かんだ二つの一円玉が引き合ったのはなぜでしょうか？　この問題は少しレベルが
> 高いです．毛管上昇の静力学を説明したときの，エネルギーの観点からの議論と同じように
> コインのエネルギーを考えます．それは「表面エネルギーの増加＋重力による位置のエネル
> ギーの減少」で与えられ，これを水面の高さとコインの重心の高さとの差 h の関数とみて最
> 小化（微分）することで理解できるでしょう．一円玉が二つ離れてあるときと，二つがくっつ
> いてひとつになったときの，そのまわりの液体表面の変形の違いを考えると，前者よりも，後
> 者の方が表面の増加が抑えられ，それだけ，コインの重心は水面に近くなり，結果として，ひ
> とつになったときの方がコインのエネルギーが下がります．

●一円玉が水面を移動したり沈むわけ

　これで，一円玉が浮かぶ理由は分かりました．それでは，私が注射器に入れ
ていた液体は何だったのでしょうか？　種明かしをすると，それは，液体洗剤
を（容器の「注意書き」に書いてある）推奨濃度程度に薄めたものです．洗剤
の主成分は界面活性剤といって，図 3.19a に示したような，水とよく似た性質
を持つ極性基（親水基）に油によく似た性質を持つ炭素原子が連なった鎖部
分（疎水基）がついている分子です．この分子は，水と油という正反対の性質
を自分で持っているため，水の中に入ると，図 3.19b のように，気液界面に行
き，極性基を水側に向け，炭素鎖を空気の側に向けることで幸福を得ます．炭
素鎖は水の中を嫌うのでむしろ空気に顔を出していた方が幸福なのです（余っ
た分子は図 3.19b の下にあるように，水中で似た者同士の炭素鎖が集まり，外

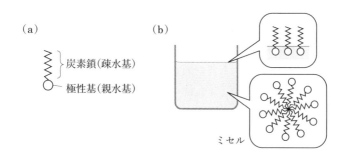

図 3.19　（a）界面活性剤分子．（b）コップに入れた水に混ぜた界面活性剤分子．表面に集ま
り，残りは水中でミセル構造と呼ばれる丸い集合体などを作る．

側に水が好きな極性基が集まるように丸くなったりします）.

　このように界面活性剤分子が気液界面に移動することで，表面のエネルギーが下がります．ですから，水に浮んだ一円玉の近くにこの液体を垂らすと，そのまわりで界面張力を表す矢印が小さくなります．その結果，水平方向の力のつりあいが破れ，一円玉は界面張力が弱められてしまった側，すなわち，洗剤溶液が滴下された側から逃げるように動くのです．そして，界面活性剤が十分表面に行き渡ると，界面活性剤の矢印の大きさが水面のいたる所で小さくなり，水の表面が，一円玉の円周を，たとえ，真上に引っ張ったとしても，もはや重力による力には対抗できなくなって，水中に沈んでいくのです．

第4章

表面張力の動力学

4.1　液体や気体の動力学：ニュートンの運動方程式

　滴やバブルの力のつりあい（静力学）だけなら，今まで考えた，表面張力と重力で足ります．一方，その動き，すなわち，動力学を議論するにはニュートンの運動方程式が必要になります．液体や空気などの流体の動きを見るには，空間の各点で，そのまわりの，流体の小さな部分に着目して，その要素に働くニュートンの運動方程式を考えます．そのような方程式のことをナビエ–ストークス方程式と呼びます．この式は，一般には，とても解くことが難しいのですが，この本では，代わりに，流体のマクロな一部分に着目してその部分に働く力を考えてニュートンの運動方程式を書いて運動を調べることにします．途中で，微分や積分も顔を出しますが，スケーリング則の議論にとどめればこれは，それぞれ割り算と掛け算に過ぎないので，微分積分についてご存じない皆さんも恐れる必要はありません．ある変数で微分することは，その変数で割ること，ある変数で積分することは，その変数を掛け算すること，ということだけを覚えておけば大丈夫です（微分を少し知っている方には，あとで少し補足説明します）．

　ニュートンの運動方程式は，「運動量の時間変化が力に等しい」という形に書くことができます．運動量とは質量 M と速度 V をかけたものです．このことから運動を生じさせている力を F とすると，次式のように表せます．

$$\frac{d(MV)}{dt} = F \tag{4.1}$$

ここで，d/dt という記号は，時間を表す変数 t での微分を意味します．スケーリングのレベルでは割り算と同じことです．つまり，

$$\frac{MV}{t} \simeq F \tag{4.2}$$

がスケーリング則のレベルでの運動方程式です．左辺は慣性項と呼ばれます．

> **参 考** 微積分とスケーリング則
>
> 微分積分を知っている人への補足をしておきます．x^n の微分が nx^{n-1} であること，すなわち，
>
> $$\frac{dx^n}{dx} = nx^{n-1} \tag{4.3}$$
>
> を知っている人は，使い慣れてきた記号 $\simeq$ を使えば，この式は，
>
> $$\frac{dx^n}{dx} \simeq \frac{x^n}{x} \tag{4.4}$$
>
> と書けることがわかりますね．つまり，「x^n の微分は，もとの x^n を x で割ったもの」です．同様に，
>
> $$\int dx\, x^n = \frac{x^{n+1}}{n+1} \simeq x^n \cdot x \tag{4.5}$$
>
> が成り立つので，スケーリング則のレベルでは，ある変数での積分はその変数をかけたものになります．

4.2　ニュートンの粘性力

液体や気体に働く力 F には，今までに考えた，表面張力による力（これを F_γ と書きましょう）と重力による力（これは F_g と書くことにします）のほかに，運動を始めると働き出す特有の力があります．それは，日常的には液体のドロドロさや粘っこさとして知られる粘性力と呼ばれる力です．ニュートンはこの力が，多くの液体で，「速度の勾配」に比例していることを見抜きました．「速度の勾配」とは，ある長さ L だけ離れた 2 点間の速度の差が ΔV であるときに $\Delta V/L$ と定義されます．

この粘性力を単位面積あたりの力としてみたものを粘性応力といい，ここでは σ と表すことにします．そして，この粘性応力と速度勾配の比例係数を粘度あるいは粘性係数と呼び，η で表すことにします．つまり，次式が成り立ち

ます.

$$\sigma = \eta \frac{\Delta V}{L} \tag{4.6}$$

この式から粘性の単位がPa·sになることが分かりますので,余力がある人は
たしかめてください.水の粘性は1mPa·sです.ここでmPaはミリパスカ
ルでPaの1000分の1を表します.

　なお,1.2節に現れた動粘性νはηと,液体の密度をρとして,$\nu = \eta/\rho$の
関係があります.また,水の動粘性は1cS(センチストークス)です.

ストークスの抵抗則

　分かりにくいと思うので,さっそく,具体例を考えてみましょう.図4.1の
ように,粘度ηの液体中で半径Rの固体球を一定速度Vで動かすときにこ
の球にかけるべき力を考えてみましょう.この力は,球がまわりの流体から
受ける抵抗力と等しくなっているはずです.この球は速度Vで動いているの
で,球の表面近くでは,まわりの液体は速度V程度で運動しているはずです.
そして,球からとても離れたところでは液体の速度はゼロになっているはず
です.

　どのくらい離れたらゼロになるでしょうか? 今の問題には,それを特徴

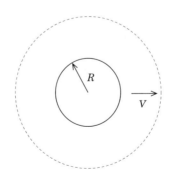

図4.1 ストークスの抵抗則(粘性液体中で球を一定速度で動かすために必要な力)の説明図
(断面図).流体は球から十分離れたところでは静止しているはずであり,ざっくりとは,破線
で囲まれた範囲でしか流体は速度を持たない.破線で表される球の半径に相当する長さスケー
ルは,今の場合,固体球の半径しかなく,つまり,球の半径 R 程度の長さにわたって,速度が
V からゼロに変化するというスケーリングレベルの描像が妥当であることが分かる.

づける長さは R しかなさそうです．ということは，球のまわりでは，ざっくりいうと，R の距離の間で速度が V からゼロに変化します．これは，速度勾配の定義に照らせば，$\Delta V \simeq V$ で $L \simeq R$ であることに相当し，したがって速度勾配は，今の場合，スケーリングのレベルでは，V/R です．ですので，球の表面に単位面積あたりに働く粘性応力は $\eta V/R$ です．これが，球の表面積（$4\pi R^2 \simeq R^2$）にわたって働くわけですから，この球がその表面を通して粘性液体から受ける力は，$\eta V/R$ かける $4\pi R^2$ となるので，求めるべき抵抗力は

$$F_\eta \simeq \eta V R \tag{4.7}$$

となります．この計算は球の場合には正確に行うことができます．大学の流体力学の授業で，たっぷり 1 コマ 90 分くらいかけて講義してやっと導出できるくらいの複雑な計算ですが，その結果は $F = 6\pi\eta V R$ となります．これに比べて，上に示したスケーリング則のレベルにとどめた計算ははるかに簡単です．問題が複雑になれば，もはや，スケーリング則のレベルでしか，答えが出せないことの方も多いのです．

4.3　毛管上昇の動力学

　毛管上昇の場合に運動方程式（4.2）を考えてみましょう．半径 R の毛管に高さ z まで上昇が進んでいる状態を考えましょう．ただし，静力学のときをまねて $z \gg R$ を仮定して，高さ z の液円柱に着目します．

　まずは左辺の慣性項 $\simeq MV/t$ からはじめましょう．液円柱の質量は，その体積が $\pi R^2 z$ であることから，$\rho\pi R^2 z$ となります．速度 V は，スケーリング則のレベルでは単位時間あたりの高さ z の変化となります（微分を使って $V = dz/dt$）なので，$V \simeq z/t$ となります．したがって，慣性項は $\simeq \rho R^2 z^2/t^2$ となります．

　次に，力 F ですが，これは重力による力 F_g，表面張力による力 F_γ，および，粘性による力 F_η の和となります．つまり，$F = F_g + F_\gamma + F_\eta$ と書けます．ただし，以下では簡単のため，毛管が図 4.2 のような重力が働かない場合を考え，$F_g = 0$ とします．つまり，ニュートンの運動方程式（4.2）は

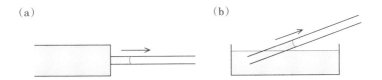

(a)   (b)

図 4.2 重力の影響を排した，毛管上昇が観察する 2 つの方法．(a) 太めの毛管に液体を保持
し，それに，ずっと細い毛管の一端を水平に接した場合．(b) 毛管を十分に水平に近づけた
場合．

$$\frac{d(MV)}{dt} = F_\gamma + F_\eta \tag{4.8}$$

と書けます．F_γ は，静力学のときと同じで，$F_\gamma = 2\pi R\gamma$ です．

残るは F_η です．まず速度勾配を考えます．液体の流速は毛管の壁と接する
ところではゼロです．壁は止まっているからです（本当は，厳密にゼロとは限
らない）．液柱の真ん中では大体 V の程度でしょう．真ん中と壁の距離は R
ですから，距離 R の長さにわたり速度が V 程度の変化をするので速度勾配は
$\simeq V/R$ です．したがって，液柱の液面で単位面積あたりに働く粘性応力は $\simeq$
$\eta V/R$ です．これが，液柱の側面積 $2\pi Rz$ に下向きに働くので（動きに抗する
力なので V の向きと反対向き），結局，$F_\eta \simeq -2\pi Rz \cdot \eta V/R$ となります．前
と同様に，$V \simeq z/t$ を使うと，$F_\eta \simeq -\eta z^2/t$ となります．

なお，このように狭い空間を流れる流体が，壁の部分で速度がゼロになって
作る流れは，壁からの距離の 2 次関数になる場合があり，そのような場合をポ
アズイユ流と呼びます．今のように，細い管や 2 枚の平行板の間に，圧力の差
によって流れが生じる場合にはこのタイプの流れが生じます．

速度勾配には V/z も考えられます．しかし，今は $z \gg R$ の場合を考えてい
るため，V/R に比べて無視できます．

まとめると，慣性項は $MV/t \simeq \rho R^2 z^2/t^2$，表面張力による力は $F_\gamma \simeq R\gamma$，
粘性力は $F_\eta \simeq -\eta z^2/t$ となりました．この 3 つの力のうち，表面張力による
力 F_γ がこの現象を引き起こす力であり，その意味で駆動力と呼ばれます．そ
れに対し，慣性項 MV/t と粘性力 F_η は，それに対抗する力となります．そこ
で，簡単のため，二つの両極端の極限状況を考えましょう．ひとつは，慣性力
に比べ粘性力が極端に小さい極限です．これを慣性領域といいます．もうひと
つは，逆の極限で，これを粘性領域といいます．それぞれについて調べてみま

しょう．

慣性領域

　この場合，運動方程式 (4.8) は，慣性項 $d(MV)/dt$ にくらべて粘性項 F_η が無視できるために $MV/t \simeq F_\gamma$ となります．この式は，

$$\rho R^2 z^2/t^2 \simeq R\gamma \tag{4.9}$$

となり，これを z について解くと

$$z \simeq \sqrt{\frac{\gamma}{\rho R}}t \tag{4.10}$$

となります．

粘性領域

　この場合，運動方程式 (4.8) は，慣性項 $d(MV)/dt$ が粘性項 F_η に比べて小さいために無視できるため $0 \simeq F_\gamma + F_\eta$ となります．すなわち

$$R\gamma \simeq \eta z^2/t \tag{4.11}$$

となり，これを z について解くと

$$z \simeq \sqrt{\frac{\gamma R t}{\eta}} \tag{4.12}$$

となります．

慣性・粘性クロスオーバー

　慣性領域と粘性領域が入れ替わる条件は，$MV/t \simeq F_\eta$，すなわち，$\rho R^2 z^2/t^2 \simeq \eta z^2/t$ です．これは，$\rho R^2/\eta \simeq t$ と変形できるので，特徴的時間

$$t_0 = \rho R^2/\eta \tag{4.13}$$

を定義すれば，$t_0 \gg t$ ならば慣性領域となり，$t_0 \ll t$ ならば粘性領域となることが分かります．前者は t_0 よりも前の時刻の場合なので，短時間領域ある

いは初期領域と呼びます．後者は，反対に，長時間領域あるいは後期領域とも呼びます．つまり，この場合には，短時間領域が慣性領域で，長時間領域が粘性領域になっています．この入れ替わりは，切り紙の平面内変形と平面外変形の入れ替わりと似ていることに注目してください．このように，両極限を考えることで，クロスオーバー（入れ替わり）が定義できます．

無次元化

特徴的長さ z_0 を

$$z_0^2 = \frac{\rho \gamma R^3}{\eta^2} \tag{4.14}$$

と定義すると単純な計算によって，式（4.10）と（4.12）は，それぞれ，$z/z_0 \simeq t/t_0$ と $(z/z_0)^2 \simeq t/t_0$ と書けるので，次式を得ることができます．

$$\frac{z}{z_0} = \begin{cases} t/t_0 & (t < t_0) \\ \sqrt{t/t_0} & (t > t_0) \end{cases} \tag{4.15}$$

このようにして，とても，簡単な例ではあるものの，どのようにしてスケーリング則が導出され，無次元化されるのかの一例を，高校数学・高校物理の範囲内で示すことができました．この法則を両対数軸 x-y でプロットすると，図 4.3 のような，傾き 1 の直線に傾き 1/2 の直線が続く形となり，そのクロス

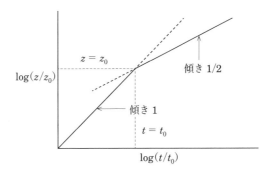

図 4.3 毛管現象の動力学のマスターカーブ．

オーバーは $(x, y) = (1, 1)$ で起こり，あらゆる毛管上昇の実験データは，この
マスターカーブに乗ることになります（ただし，重力の影響がなく，$H > R$ が
よく満たされる場合）．ただし，クロスオーバー付近では極限は良く成り立っ
ているわけではないので，実際には図 4.3 に示したよりも滑らかにつながりま
す（少し違った文脈での実例については図 5.3 参照）．

第5章

最先端の研究：
流体・粉粒体編

5.1　滴の融合・バブルの破裂

　いよいよ，滴の動力学を議論できる準備が整いました．初めの問題として，滴の融合の動力学を考えましょう．まずは，私たちの行った融合の研究のお手本となったオランダとアメリカのグループが行った二つの先行研究について紹介します．

3次元の滴の融合

　雨粒が水たまりに落ちると，滴は水たまりに同化していきます．同様に，二つの滴が出会うと，全体の表面積を減らそうと融合が起こります．この融合現象を，液滴が初速度を持たないように工夫して，高速カメラで観察したのが次ページ図5.1の連続写真です．ここでは，2つのピペットの先に滴を保持してそれらを接触させることで滴の融合を起こしています．この連続写真から，二つの滴の間に首（ネック）のような連結部分ができてその半径が増大していく様子が分ります．

　ここでは，ネック部分に着目してニュートンの運動方程式である式（4.1）を考えてみましょう．この現象は表面張力によって引き起こされるので，この現象の駆動力は表面張力であるといえます．これに対抗するのが慣性と粘性です．駆動力である表面張力はネックの外周を動径方向に引っ張るので $F_\gamma \simeq \gamma r$ となります（106ページの図5.2bの円盤の上側の円周は図5.2aの断面図にお

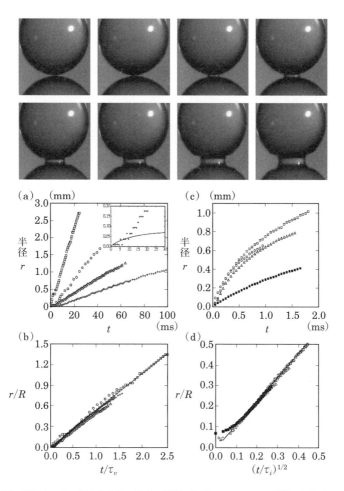

図 5.1 高速カメラで捉えた水滴の融合の瞬間. 毎秒 11200 コマで撮影. 下段 (a→b) と c と (c→d) は, それぞれ粘性領域と慣性領域における実験と理論の一致をデータ コラプスの形で示している. Aarts, Lekkerkerker *et al.*, *Phys. Rev. Lett.*, 2005, http://dx.doi.org/10.1103/PhysRevLett.95.164503 をもとに作成

ける点 A と B に相当する. つまり, この円周は液体の界面にある. このため, 上側の滴から表面の方向に引っ張られるが, δ が十分小さい場合, それはこの 円周の動径方向に一致する). ここで γ は表面張力です.

●初期粘性領域

運動の初期には，動きにかかわる部分が非常に小さな領域であることに着目し，この大きさをネックの半径 r と同一視し，初期にはこの長さスケールしかないとします．長さスケールがとても小さいということは速度勾配がとても大きいことを示唆しますので，粘性力はとても大きくなることが分かります（これは 4.3 節の毛管上昇の場合にはなかったことです．この場合，初期の粘性勾配は，z ではなく毛管の半径 R で特徴づけられるためです）．そこで，初期は，粘性による力 F_η が慣性項 MV/t よりも大きいとしてみましょう．そして，この粘性と，表面張力の競合を考えてみましょう．

ネックの増大速度 V は次元としては r の時間変化 dr/dt なので融合開始からの時間を t として $V \simeq r/t$ と見積もることができます．したがって，粘性応力は式（4.6）より $-\eta(V/r) \simeq -\eta/t$ となり（動きに抵抗する力なので V と反対向きとなります），これが r^2 に比例する大きさを持つ表面積に働くので，粘性力は $F_\eta \simeq -\eta r^2/t$ となります．したがって，運動の初期には，$F_\gamma + F_\eta \simeq 0$，すなわち，$\gamma r \simeq \eta r^2/t$ が成立します（式（4.11）参照）．これより，運動の初期には，

$$r \simeq \gamma t/\eta \tag{5.1}$$

が予測されます．

●後期慣性領域

慣性項 MV/t について考えてみましょう．まず，次ページの図 5.2a のような状況を考えると，液体が運動している部分は，図 5.2b のように厚みが δ，半径 r の円盤状の部分と考えられますので，その体積が $\simeq r^2\delta$ なので $V \simeq r/t$ も用いると，$MV/t \simeq \rho r^2 \delta (r/t)/t$ となります．一方，図 5.2c のような幾何学的関係に着目すると三平方の定理から，滴の半径を R として，$(R - \delta/2)^2 + r^2 = R^2$ が成立します．この式は，$-R\delta + \delta^2/4 + r^2 = 0$ となりますが，$r \gg \delta$ を仮定すれば，

$$\delta = r^2/R \tag{5.2}$$

という関係式を得ます．これを使って，慣性項を再評価すると，$MV/t \simeq \rho r^2 (r^2/R)(r/t)/t$ となり，$MV/t \simeq \rho r^5/(Rt^2)$ となります．

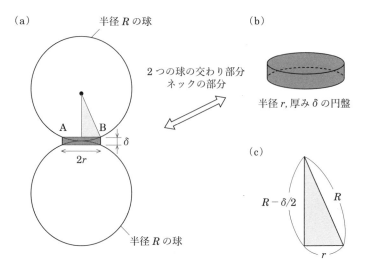

（a）半径 R の球

2 つの球の交わり部分
ネックの部分

（b）

半径 r, 厚み δ の円盤

A B
δ
$2r$

半径 R の球

（c）

$R - \delta/2$ R

r

図 5.2　（a）2 つの滴が融合しはじめた状態の図．（b）ネック部分の円盤．この内部で液体が
速度を持っていて，それ以外の部分では，液体は静止している．（c）ネックの厚み δ を評価す
るための幾何学的関係．

これと表面張力による駆動力 $F_\gamma \simeq \gamma r$ を考え，$MV/t \simeq F_\gamma$ が成立するとすると，$\gamma r \simeq \rho r^5/(Rt^2)$ となり，$r^4 \simeq \gamma Rt^2/\rho$ を得ます．この式は，高校 2 年生頃に数学で習う指数法則（下記参照）を使うと

$$r \simeq (\gamma R/\rho)^{1/4} t^{1/2} \tag{5.3}$$

となることがわかります．

参考 指数法則

ここで使った指数法則は，下記の形に表されます．本書を理解するために，必ずしも必要ではありませんが，念のため紹介しておきます．

$$(x^p y^q)^s = x^{ps} y^{qs} \tag{5.4}$$

この式は，p, q, s が整数であればすぐに理解できると思います．たとえば，

$$(x^2 \cdot y^3)^2 = (x \cdot x \cdot y \cdot y \cdot y) \cdot (x \cdot x \cdot y \cdot y \cdot y) \tag{5.5}$$
$$= x^4 \cdot y^6 \tag{5.6}$$

となることは，すぐに了解できると思います．

式（5.3）を導く過程では，もとの式 $r^4 \simeq (\gamma R/\rho)t^2$ の両辺を 1/4 乗しました．すると，左辺は $(r^4)^{1/4} = r$ となり，右辺では $x = \gamma R/\rho, y = t$ とみなして，$p = 1, q = 2, s = 1/4$ とすれば $(\gamma R/\rho)^{1/4} t^{1/2}$ となることが了解できると思います．

●実験と理論の比較

上の議論をまとめると，融合の初期には表面張力が粘性力と競合し式（5.1）が成立し，融合の後期には（といっても $r \gg \delta$ が成立している範囲内），表面張力と慣性が競合し式（5.3）が成立するということでした．なお，初期粘性領域では慣性項を無視し，後期慣性領域では粘性項を無視していて，これらの正当化は，これからみる実験と理論の一致から正当化されます．それでは，実験と理論の比較のため図 5.1 の下段のグラフを見直してみましょう．

初期粘性領域におけるデータコラプス まずは，初期粘性領域について確認するため，左側の二つのグラフ（a, b）を見てください．a がネックサイズを時間の関数として取ったグラフで，式（5.1）の予言通り，両者が比例関係にあることが示されています．しかし，この a のグラフではデータはばらついています．なぜなら，式（5.1）によれば，その傾きは実験パラメータによって異なるからです．ところが，式（5.1）を滴の半径 R で割って無次元化すると，$r/R \simeq \gamma t/(\eta R)$ となるので，特徴的時間を $\tau_v = \eta R/\gamma$ と定義すると，$r/R \simeq t/\tau_v$ と書けます．このことに着目して，縦軸に r/R，横軸に t/τ_v をとって，a のグラフのデータをプロットしなおしたものが b のグラフです．これまで繰り返し見てきたのと同様に，見事なデータコラプスが起こっています．

これによって，滴の融合の初期粘性領域の理論式（5.1）が確立され，その物理的本質が表面張力と粘性力の競合にあることが明らかになりました．なお，エネルギーの観点からは，表面エネルギーの減少分が粘性エネルギーに変わったということになります．ただし，数学的にはやや高度になるので，ここでは，これ以上深入りしません．

一点だけ，補足しておくと，粘性のエネルギーというのは，摩擦のように，熱（や音）のエネルギーなどに変わっていき，通常，着目しているシステムが再利用できないエネルギーとして失われていくので散逸エネルギーと呼ばれます（失われるといっても着目しているシステムから再利用できないという意味においてのことで，全体としてみればエネルギーはいつでも保存しています）．

後期慣性領域におけるデータコラプス 次に，後期慣性領域について確認します．図 5.1 の右側の二つのプロット（c, d）を見てください．こちらは，左側に比べて粘性の低めの液体を使うことで慣性領域を広げているため，ネック

サイズと時間の関係が左側と異なっています．式 (5.3) に戻ってみると，ネックサイズは時間の平方根に比例するので，時間がたつとネックの成長速度が遅くなることを予言していて，定性的には c の傾向に合致しています．

一方，式 (5.3) の両辺を滴の半径 R で割って無次元化すると，$r/R \simeq (\gamma R/\rho)^{1/4} t^{1/2}/R$ となりますが，この右辺を 2 乗したものは 106 ページの **参考** で述べた指数法則を用いると $t/(\rho R^3/\gamma)^{1/2}$ となることが分かります（余力のある人は確かめてみてください）．

ですから，特徴的時間を $\tau_i = (\rho R^3/\gamma)^{1/2}$ で定義すると，式 (5.3) は無次元化された $r/R \simeq (t/\tau_i)^{1/2}$ という形に書けます．したがって，c のグラフのデータを縦軸に r/R，横軸に $(t/\tau_i)^{1/2}$ をとってプロットしなおせば，この実験データがこの式で説明されるならば，データコラプスが起こるはずです．その様子を示したのが d のプロットです．

このようにして，滴の融合の後期慣性領域の理論式 (5.3) が確立され，その物理的本質が表面張力と慣性の競合にあることが明らかになりました．この場合に，エネルギーの観点からは，表面エネルギーの減少分が運動エネルギーに変わったということになります．

●初期領域と後期領域のクロスオーバー

以上で見てきた二つの極限的領域におけるネック半径 r が一致するときに二つの領域のクロスオーバーが期待できます．このクロスオーバーは，やや異なった実験系を使って明確に示されています．この実験では水面に油を浮かべることで，レンズのような滴を作りました．醤油にラー油を浮かべると，ラー油が平べったいレンズのようになって浮かびますが，それと同様の現象を利用しています．このようにしてつくった二つの平べったい滴を融合させて，その瞬間をとらえる実験が行われたのです．その結果，図 5.3 のように，単一の融合現象において二つの領域が入れ替わることが確認されたのです（図 4.3 参照）．

参考 レンズ状の滴と栓流

なお，この場合，レンズ状の滴は，空気と粘性の低い液体に挟まれており，その表面ではほとんど粘性応力が働かないとみなせるので，厚み方向には速度勾配がない「栓流」と呼ばれる

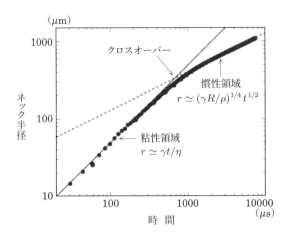

図 5.3　滴の融合における粘性・慣性クロスオーバー．μm はマイクロメートル（100 万分の1 メートル），μs はマイクロ秒（100 万分の 1 秒）を表す．Burton & Taborek, *Phys. Rev. Lett.*, 2007, http://dx.doi.org/10.1103/PhysRevLett.98.224502 をもとに作成..

状態になり，厚み方向には速度が一定になります．この場合の融合の理論と 3 次元の融合の理論は，ここでは説明は省きますが，同じスケーリング則に帰結することが示せます．ですので，上の研究において，3 次元的な場合のクロスオーバーが示せたことと実質的に同等となります．

擬二次元における滴の融合

これまでに説明した液滴の融合に関連した私たちの研究を紹介します．この研究は，滴の融合の研究の歴史の中でいくつかの新しい着眼点を提示しています．まずは，はじめのバブルの引きちぎれにも登場したヘレ・ショウのセルを使って，閉じ込められた空間での液滴の融合を問題にしたこと．そして，液中液滴の融合の問題を扱ったこと．さらに，融合現象において，はじめて，（バブルの引きちぎれで扱った）自己相似動力学を明らかにしたことです．では，さっそくその内容を見ていきましょう．

●実験方法と着眼点

私たちの実験の方法を次ページの図 5.4 に示します．この実験では 2 種類の水と油のように混じり合わない液体を使っています．まず始めに，セルを作っ

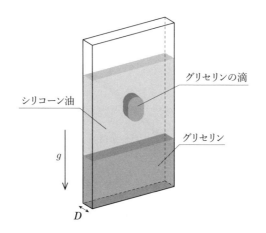

シリコーン油

グリセリンの滴

グリセリン

g

D

図 5.4　擬二次元空間での滴の融合実験のための実験装置の概略図．平べったい液槽（ヘレ・ショウのセル）を鉛直に立て，まず，比重の小さいシリコーン油をセルに注ぎ，その後にグリセリンという粘度の高いアルコールを注ぐと，比重の小さい油が上に押し上げられ，下にグリセリンがたまる．この 2 相分離状態の上方からグリセリンの滴を注入すると，重力によりグリセリン液滴が下降して油・グリセリン界面に達し融合現象がスタートする．

ている表面に馴染みのよいシリコーン油を半分ほど入れます．そののちに，グリセリンというどろどろのアルコールを混ぜた液体を入れます．すると，グリセリン水溶液の方が比重が重いので下に沈んで，2 層に分かれます．下の層がグリセリン水溶液で上がシリコーン油の層となります．ここへ上からグリセリン水溶液を滴にして落とすと，グリセリンの滴は油の層を落下してやがてグリセリンの層の表面に達して融合が始まります．

　この実験ではシリコーン油にはさらさらしたものを使い，グリセリン水溶液はそれに比べてかなりどろどろしているものを使いました．なぜ，このようにしたかというと，空気中の水滴の滴の融合の状況に近づけようとしたからです．空気に比べて水の滴はとてもどろどろしているので，この実験でもまわりの油（シリコーン油）をさらさらにしてグリセリンの滴をどろどろにしたわけです．油はさらさらといっても水と同じくらいはどろどろしているので，かわりにグリセリンの滴を水よりもはるかにどろどろにしました．このようにすることによって，全体の動力学の速度を遅くできると考えました．なぜなら，当時の私たちの研究室には，十分な速さの高速カメラがなかったのです．さらに，平べったい空間に滴を押し込むことによって新しい物理法則も発見できるかもしれない，というもくろみもありました．

図 5.5　擬二次元空間での滴の融合の前半の連続写真．4 ms 間隔の写真を 3 枚並べてある．
滴と液槽に連結部分ができている．これをネックと呼び，この部分のサイズを測定すること
で動力学の詳細を調べている．Yokota & Okumura, *Proc. Nat. Acad. Sci.*（USA），2011，
https://www.pnas.org/content/108/16/6395.abstract をもとに作成．

●実験結果

　このように考えて始めた実験で撮影した画像を図 5.5 と 5.6 に示しました．
形からもわかるように図 5.5 は融合が始まって間もなくのもので，図 5.6 は融
合が終わりに近づいたときのものです．これらの写真にはグリセリン滴と液槽
が融合するときに両者をつなぐ首のような架け橋ができ，それが，成長してい
くことが分かります．そこで，この現象の解明のために，このネックの横幅が
経過時間に対してどのように変化していくかを調べていくことにしましょう．

　どちらの 3 枚も等間隔に撮影された 3 枚ですが，融合初期のものは 4 ms（ミ
リ秒）間隔，融合後期のものは 40 ms 間隔で撮影してあります．なお，1 ms と
は 1000 分の 1 秒ですので，どちらもとても短い間隔で撮影したものです．両
者を比べると，時間間隔が 10 倍あります．にもかかわらず，はるかに短い時
間間隔で並べた図 5.5 ではネックの横幅が大きく変わっているのに，はるかに
長い時間間隔で並べた図 5.6 ではネックの横幅がほとんど変っていないことが

図 5.6　擬二次元空間での滴の融合の後半の連続写真．図 5.5 に示した融合がさらに進んで
ネックの幅が大きくなり，これらの写真の状態に移っていく．40 ms 間隔の写真を 3 枚並べ
てある．後半の方は，時間間隔が 10 倍あるのにほとんど変化していない．後半にかけて融
合が大きくスローダウンする．Yokota & Okumura, *Proc. Nat. Acad. Sci.*（USA），2011，
https://www.pnas.org/content/108/16/6395.abstract をもとに作成．

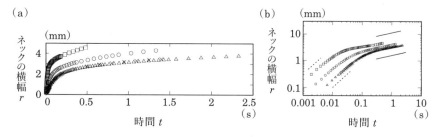

図 5.7　（a）ネックの横幅 r を経過時間 t に対してプロットしたもの．（b）a の両対数プロット．前半と後半でそれぞれが異なる傾きをもつ直線になっており，異なるスケーリング則が成り立つことが推測される（2 本の点線はともに傾き 1 の線，2 本の実線はともに傾き 1/4 の線）．各マークに対する，粘性 η（mPa·s），セルの厚み D（mm）と滴の半径 R（mm）は，順に次の通り．□: 62.9, 0.7, 5.62．○: 289, 0.7, 5.56．△: 888, 1.0, 4.13．×: 964, 1.0, 4.32．× で示したデータは △ のデータに良く重なっており，この実験の再現性の良さを示している．なお，図 5.5 と図 5.6 の写真は △ のデータに対応する．Yokota & Okumura, *Proc. Nat. Acad. Sci.*（USA），2011, https://www.pnas.org/content/108/16/6395.abstract をもとに作成．

分かります．つまり，後半では，融合過程が顕著にスローダウンしていることが分かります．

　このことを定量的にみるためにネックの幅 r の時間変化をグラフにしたものが図 5.7a です．滴の大きさはどれも半径 5 mm 程度，ヘレ・ショウセルの厚み D は □ と ○ が 0.7 mm，その他は 1 mm で，これも大差はありません．一方，滴の粘性はグリセリンに水を加えることで大きく変えています．これらのデータを比べると，粘性を下げていくと融合がより速く進むことが分かります（粘性は，□，○，△ の順に 62.9, 289, 888 mPa·s）．なお，この滴は，図 5.4 や図 5.5 と 5.6 の写真に示したようにシリコーン油で囲まれていて，この油の粘性が 1 mPa·s 程度のさらさらのものです．

●理論構築の方法

　グラフの両軸を対数軸に取り直してみると（図 5.7b），前半部分と後半部分に傾きの異なる直線部分がみてとれます．これらの傾きはそれぞれ 1 と 1/4 です．このように対数軸で 2 つの量をプロットしたときに直線部分が現れることは，その部分でスケーリング則が成立しているサインであることはすでに述べました．そこで，私たちは，このことをヒントに理論を構築しました．

　このように実験の観察結果を対数軸でグラフにしてみて直線部分がないか

を探すのがスケーリング則発見の第一歩となります．ただ，スケーリング則は，都合よく何らかの意味の極限状況が達成していないと成立しないものなので，ある研究を始めても最初のうちはこのようにきれいな直線部分が見えることはあまりありません．けれども，まだあまりきれいには見えない実験データをもとに試行錯誤をして理論を作り，ひとたび正しい理論が分かると，どのように実験状況を追い込んでやれば，法則がきれいに見えてくるかが分かってきます．その予言に従って，実験条件を変えて実験をしてみて，法則がきれいに見えてくると，私たちは法則の発見を確信することができます．

　この試行錯誤のプロセスはうまくいっても 1 年くらいはかかることが多く，苦労がつきものです．しかし，それだけに，正しい理論が分かったときには，喜びが大きく，さらに，予言通りにきれいなデータが取れていくと，たまらなくワクワクします．

●後期領域：理論と実験の比較

　さて，この理論によれば（114 ページの **参考** 参照），時間の後半の部分ではネックの幅 r と経過時間 t は次の関係式を満たします．

$$\frac{r}{\sqrt{RD}} \simeq \left(\frac{t}{\tau_f}\right)^{1/4} \tag{5.7}$$

ただし，R と D はそれぞれ滴の半径とセルの厚みを表します．この式は，特徴的長さ $\sqrt{RD}$ と次式で定義される特徴的時間 τ_f で規格化されていて，両辺が無次元化されています．ただし，特徴的時間 τ_f は

$$\tau_f = \frac{R\eta}{\gamma} \tag{5.8}$$

です．ここで，η と γ は粘性と表面張力を表します．

　さらに，理論を組み立てていく際に，関係式 (5.7) は，ネックの幅 r が特徴的長さ $\sqrt{RD}$ よりも大きくないと成り立たないことが分かりました．つまり，（数値係数が 1 程度であることも考慮すると）式 (5.7) は

$$r \gtrsim \sqrt{RD} \tag{5.9}$$

$$t \gtrsim \tau_f \tag{5.10}$$

の 2 式がともに満たされる領域でよく成り立っているはずであることが理論

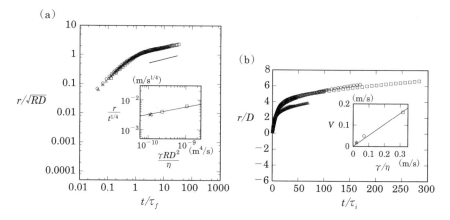

図 5.8　ネックの時間成長. a のグラフでは，データコラプスにより動力学後半部の理論式が正当化されている. メインプロットは全体的印象を明らかにし，インセットが定量的な一致を明らかにしている. 前半部分について同様のコラプスと定量的検証を示したのが b のメインプロットとインセットプロットである. データのマークと実験条件の対応は図 5.7 と同じ. Yokota & Okumura, *Proc. Nat. Acad. Sci.* (USA)，2011, https://www.pnas.org/content/108/16/6395.abstract をもとに作成.

的に予言されました.

　この理論によれば，後半部分の両対数軸プロットの傾きは $1/4$ であり，このことは図 5.7b と整合しています. そこで，理論式（5.7）の妥当性をさらにチェックするために図 5.7b のグラフの軸を式（5.7）に従って，無次元化してみると図 5.8a が得られます. この図において，4 つのマークで示した異なる実験条件（ここでは粘度，セルの厚み，滴の半径の違い）で行った結果が，式（5.9）と（5.10）の領域で，一つの曲線に一致し，データコラプスが確認できます. このコラプスは，決して偶然に起こっているのではありません. このことは，式（5.7）に立ち戻ってみればすぐにわかります. 今までの例と同じように，無次元化された変数 $x = t/\tau_f$ と $y = r/\sqrt{RD}$ を導入すると式（5.7）は $y \simeq x^{1/4}$ という式に表すことができるからコラプスが起こったわけです.

参考 挿入図の補足説明

　図 5.8a の図に挿入された小さなグラフ（インセット）は，少し違ったやり方で実験と理論の一致を示しています. 理論式（5.7）を変形すると

$$\frac{r}{t^{1/4}} \simeq \left(\frac{\gamma RD^2}{\eta}\right)^{1/4} \tag{5.11}$$

が得られます．これと，式 (5.9) と (5.10) の成立領域に注意すると，t が十分大きい領域では，$r/t^{1/4}$ は時間によらない一定の値となります．この量と実験パラメータで表された量 $\gamma R D^2/\eta$ を両対数プロットすると，理論が正しいならば，傾きが 1/4 の直線上に乗るはずです．これを示したのが，図 5.8a のインセットです．もちろん完全ではありませんが，$\gamma R D^2/\eta$ がワンオーダー（10 倍）違ってもほぼ同じ直線上に乗っていて，スケーリング則を示しています．

●初期領域：理論と実験の比較

　前半の部分についても，同様のデータコラプスを見てみましょう．この部分は，3 次元の滴の融合のところででてきている式 (5.1) によって説明されます．なぜなら，ネックの幅 $2r$ がセルの幅 D よりも十分小さい場合には，ネックはセルの壁で閉じ込められている影響を受けないからです．このことは図 5.9a と b を比較してみるとわかります．ネックを水平面で切ってみたとき，ネックの幅 $2r$ がセルの幅 D よりも十分小さい場合にはその断面は，図 5.9a にあるように円になります．ところが，大小関係が反対になると，図 5.9b にあるように断面は面積が $2rD$ の長方形になります．前者が図 5.5 に相当し，後者が図 5.6 に相当しています．

　この様子は，ネックが大きくなるにつれて 3 次元的な滴の融合から擬二次元的な融合へと移り変わることを示しており，次元的なクロスオーバーと呼ばれます．これが原因で，動力学も違ってくるのです．

　一方，この 3 次元の融合を表す式 (5.1) は，$\tau_i = D\eta/\gamma$ と定義すると，$r/D \simeq t/\tau_i$ とかけます．したがって，このスケーリング則の数値係数が 1 程度である

(a)　　　　　　　　　　　(b)

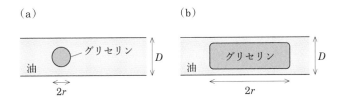

図 5.9　ネックの水平面による断面図（D はセルの厚み）．(a) ネック幅が小さいときのネックの断面は，半径 r の円になる．(b) ネック幅が大きくなった時の断面は面積 $2rD$ の長方形になる．セルの壁はグリセリンより油と接していた方が界面エネルギーが低いので円板状のグリセリンの滴と壁の間には図に示したような薄膜が残る．この薄膜内の粘性勾配が重要になることがあることも明らかにしている（式 (5.21) の下参照）．

ことも考慮すると，この実験の場合には，この法則は

$$r \lesssim D \tag{5.12}$$
$$t \lesssim \tau_i \tag{5.13}$$

の2式がともに満たされる領域でよく成り立っているはずであることが分かります．

　この理論を検証するためにこの理論式（5.1）をもとに図 5.7 の両軸を無次元量に直してプロットを示したのが図 5.8b のメインプロット（大きい方のグラフ）です．期待通りに式（5.12），（5.13）を満たす領域でデータがコラプスしています．

参考　図 5.8 の補足説明

　図 5.8b のインセットは，理論式（5.1）を変形した

$$V \equiv \frac{r}{t} \simeq \frac{\gamma}{\eta} \tag{5.14}$$

をより定量的に検証したものです．式（5.12），（5.13）を満たす領域では r/t が一定となり，この値は図 5.8b のメインプロットの初期の直線部分の傾きとして与えられます．この量と実験パラメータで決まる量 γ/η は，理論が妥当ならば比例するはずです．このことが，図 5.8b のインセットで検証されています．

参考　式（5.7）の補足説明

　ここで，擬二次元的な融合を表す式（5.7）を説明しておきましょう．この場合には，図 5.10a に示した運動をしているネック部分の体積を図 5.10b のように，直方体で近似してみましょう．この直方体の長さはネックの幅である $2r$，奥行きはセルの厚みである D，そして，高さは図 5.2a,b と同様に定義された δ の半分であるとしてみます．この部分を広げようと引っ張る駆動力は，この直方体の長さが D の4つの辺の部分を外側に引っ張る表面張力ですから，$F_\gamma \simeq \gamma D$ です．

　この点をさらに説明しましょう．この図 5.2b に示した直方体は，下の2つの長さ D の辺では，真横に反対側に引っ張られていてその大きさはともに γ です．上の2つの辺では少し上に傾いた方向に引っ張られているかもしれませんが，水平成分があります．その大きさは γ の程度です．一方，長さ $2r$ の4つの辺の部分では表面張力は上下方向に引っ張るので水平方向を持ちません．今は，水平方向の運動や力を考えているため，$F_\gamma \simeq \gamma D$ とみなせます．

　ここでは，慣性よりも粘性の効果が大きいと考えているので，この表面張力に対して，粘性力が競合すると考えます．まず，（ネック部分の直方体の）面積が $2rD$ の上面（図 5.10c の灰色で示してあります）と下面に働く粘性応力を考えると，運動している円盤状の液体部分の上下方向の長さを特徴づけている長さが $\delta/2$（あるいは δ）であると考えると，これらの面

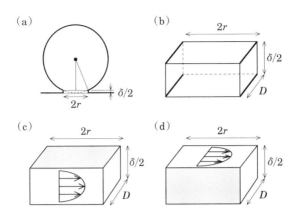

図 5.10　(a) 融合時のネックの付近の様子.(b) 運動しているネック部分を取り出したも
の.(c) 灰色にしてある面積 $2rD$ の面に働く粘性力を考えるときに重要な速度分布の概略
図.(d) 灰色にしてある面積 $r\delta$ の面に働く粘性力を考えるときに重要な速度分布の概略図.

での速度はほぼゼロに近く,これらの面の真ん中あたりでは中心から長さ r 方向に向かって
速度が (r/t) の程度の流れがあるとみなせます(図 5.10c に速度の分布の概略が示してあり
ます).ですから,速度勾配 $\simeq (r/t)/\delta$ に対応した粘性応力 $\simeq \eta(r/t)/\delta$ が上面と下面(面
積 $2rD$)に働きます.したがって,直方体には,上面と下面に $F_{\eta,1} \simeq (\eta(r/t)/\delta)rD$ の粘
性力が働いていることになります.ここで,δ について,式 (5.2) を用いると,$F_{\eta,1} \simeq$
$(\eta r^2 D/t)(R/r^2)$ となります.

　今度は,(ネック部分の直方体の) 面積が $r\delta$ の側面(そのうちのひとつが図 5.10d に灰色
で示してあります)に働く粘性応力を考えましょう.間隔 D の 2 枚のセルの板の表面で速度
がゼロとなっていますが,直方体の中央部分には中心から長さ r 方向に向かって r/t 程度の
速度の流れがあります(図 5.10d に速度の分布の概略が示してあります).したがって,速度
勾配 $\simeq (r/t)/D$ に対応した粘性応力が,このネック部分が壁と接している面積 $\simeq r\delta$ に働く
ので,粘性力は $F_{\eta,2} \simeq (\eta(r/t)/D)r\delta$ となります.ここで,δ について,式 (5.2) を用い
ると,この粘性力は $F_{\eta,2} \simeq (\eta(r/t)/D)r(r^2/R)$ となります.

　仮に,この粘性力 $F_{\eta,2}$ が $F_{\eta,1}$ よりも大きく,上で考えた駆動力である表面張力と競合す
るとすれば,$\gamma D \simeq \eta r^4/(DRt)$ を得ます.この式から,$r^4 \simeq \gamma RD^2 t/\eta$ を得て,これを
変形すると,式 (5.7) が導出されます.また,$F_{\eta,2}$ の方が $F_{\eta,1}$ よりも大きいという条件
を式で表すと $(\eta(r/t)/D)r(r^2/R) > (\eta r^2 D/t)(R/r^2)$ となります.この式を,整理すると
$r^4 > (DR)^2$ という条件が出てきます.これが式 (5.9) です.

●データコラプスとクロスオーバー

　このようにして，私たちの実験では，融合初期の3次元的な動力学が，融合の後期には擬二次元特有の動力学に変わりました．つまり，3次元的な動力学から擬二次元的な動力学へと「次元クロスオーバー」することが分かりました．

　ところで，私たちの実験では各々の実験イベントにおいて，初期から後期に渡り，異なったスケーリング則が同時に観測されています．このようなスケーリング則のクロスオーバーが一つのイベントからきれいに見いだされることは，かなり稀なことです．なぜなら，スケーリング則は，着目している変数（この場合ならば経過時間）が10倍程度値が変化しても成立する必要があるので，かなり広い範囲で法則が成立していなければならないことを意味しています．そのようなスケーリング則の異なる領域が観測できるためには，ものすごく広い範囲で実験を行わなくてはいけないからです（2つの領域の間にどちらのスケーリング則も成り立たない領域が広がっていることもあります）．一方，実験的には，最低でも100倍も，そしてかなり運が良くても1000倍もパラメータを変化させることは非常に難しいことが多いので，このようなクロスオーバーが一つのイベントから見いだされることは稀です．

　実際，3次元の滴の融合の実験を示した図5.1においては，2つのスケーリング領域は，異なる実験パラメータ（異なる液体の滴）を使って得ており，ひとつの融合イベントで両方のスケーリング則が見えたわけではありません．だからこそ，図5.3に示した，ひとつの融合における動力学のクロスオーバーのデータは貴重です．しかし，この場合には，逆に，粘度や滴の半径などの実験パラメータを変化させることができていません．一方，私たちの実験（図5.4）は，粘度，セルの厚み，滴の半径の実験パラメータを変化させてデータコラプスを見て，しかも，動力学のクロスオーバーも見られたという意味で，たいへん貴重な実験結果です．

●融合現象における自己相似動力学

　この実験では，この他にも，図5.11に示すような，奇妙なタイプの融合も観測されました．あたかも滴の下部と，液面が吸い寄せあうようにして，鋭くと

図 5.11 電場の影響下での融合の様子. 上と下の界面が引き合うようにして, 円錐状の形状が形成されて融合が始まる. Yokota & Okumura, *Proc. Nat. Acad. Sci.* (USA), 2011, https://www.pnas.org/content/108/16/6395.abstract をもとに作成.

がった形状を経て融合が起こるのです. このような現象は, 冬に実験を行ったときだけに見られました. 冬といえば, 日本では静電気が日常的に煩わしい季節であり, これが原因であろうと論文に報告しました. その後, この実験を高電圧をかけて行ったところ同様の現象が観測され, このことが検証されつつあります. この特徴的形状はテイラー・コーンと呼ばれ, この場合の円錐 (コーン) 状の液・液界面は等電位面になっており, ラプラス方程式と呼ばれる静電界が満たす方程式の解になっていることが予測されています.

　驚くべきことに, このときのコーン形状の時間変化は, 引きちぎれのときに説明したときと同様に自己相似的であり, やはり, 融合という臨界点近傍で特徴的な長さがただ 1 つになってしまうことが示されています. それを示したのが図 5.12 です. 融合現象において, 自己相似動力学が指摘されたのは, こ

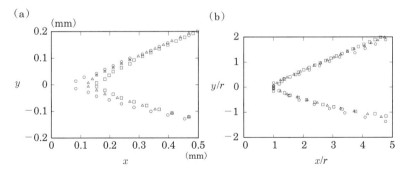

図 5.12 電場の影響下での融合における自己相似動力学. (a) 図 5.11 の臨界点近傍の右側の形状を異なる時間ごとにプロットしたもの. (b) 左のプロットの両軸を, 各時刻のネック幅 (の半分) で割ったもの. Yokota & Okumura, *Proc. Nat. Acad. Sci.* (USA), 2011, https://www.pnas.org/content/108/16/6395.abstract をもとに作成.

の研究がはじめてでした．さらに，自己相似動力学における臨界点近傍の長さ
スケールがただ1つになるという例は，少なくとも，流体のトポロジー転移に
おける実験において，はじめて報告されたものです．

薄膜形成型の融合：薄膜の破裂

　次に，同じ擬二次元の液中液滴の融合で，まわりの油の性質を変えたために
まったく融合の様子が異なった場合を紹介します．

　この違いは，図 5.13a に示したように，まわりの液体をオリーブオイルに変
えることで生じました．もう一方の液体は，グリセリン水溶液のままです．す
ると，図 5.13b に示されているように，グリセリンの液滴が下のグリセリンの
液槽に近づくと安定したオリーブオイルの薄膜が形成され，その薄膜が破裂す
ることで融合が進むようになりました（図 5.13b 参照）．これは，上の例では
液滴が液槽に接触するとすぐに融合が始まったことと対照的です．この違い
は，オリーブオイルが不純物を含み，それが界面活性剤のような働きをして
液・液界面の表面エネルギーを下げることで，薄膜が安定化することにあると
考えられます．

　この場合には，実験から，薄膜の先端は，一定速度で移動していくことが分
かりました（図 5.13b 参照）．理論的には，薄膜が破裂していく際にその先端
が，薄膜を取り囲むより粘性の高いグリセリン水溶液の中に速度勾配をつく
り，その粘性の効果が，駆動力である表面張力と競合して起こる，という物理
に基づく式を書くと，確かに一定速度の破裂が予言でき，$r = Vt$ の形の式が
導出できます．ただし，この式における一定速度 V は次式で与えられます．

$$V \simeq \gamma/\eta_g \qquad (5.15)$$

ここで，γ は液・液の界面張力，η_g は薄膜の破裂先端を取り囲むグリセリン
水溶液の粘性です．この実験では，γ をほとんど変えることができなかったの
で，η_g を変えることで，理論と実験の一致を確かめました．

　この場合，V は η_g に反比例するので，それが図 5.13 に示されています．こ
れは，η_g^{-1} に比例することを示しているため，両対数軸を取れば，傾きマイナ
ス 1 の直線に乗ることが予測され，その予想がインセットのグラフで見事に示

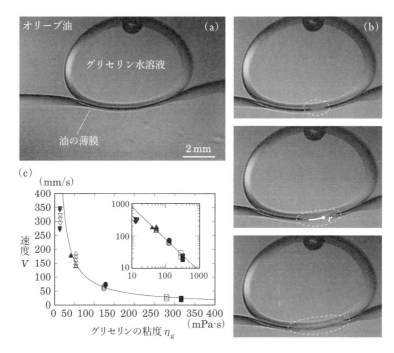

図 5.13　(a) 実験状況の説明. (b) 融合の時間経過. 15/8000 秒毎に撮影した 3 枚. 破線で囲まれた部分で薄膜が破れている. 上から下に進むにつれて破れた部分の長さが時間に比例して大きくなっている. (c) 実験とデータの一致を確かめるプロット. Eri & Okumura, *Phys. Rev. E.*, 2010, http://dx.doi.org/10.1103/PhysRevE.82.030601 をもとに作成.

されています. 実験したパラメータのうち η_g が一番小さいときには速度が低めに出ています. これは, η_g と薄膜を作るオリーブオイルの粘性が近づいてきたからで, 後者が無視できなくなったため, グリセリン側の粘性の効果のみを考えた場合よりも, 粘性によるブレーキが相対的に大きくなるために, 速度が低くなったと解釈できます.

バブルの破裂

　上に見た薄膜形成型の融合は, 実は, バブルの破裂と似ています. 次ページの図 5.14 に実験の概要を示しました. この実験では, a,b のように, やはりヘレ・ショウのセルを使い, 擬二次元空間に閉じ込められたバブルを生成しま

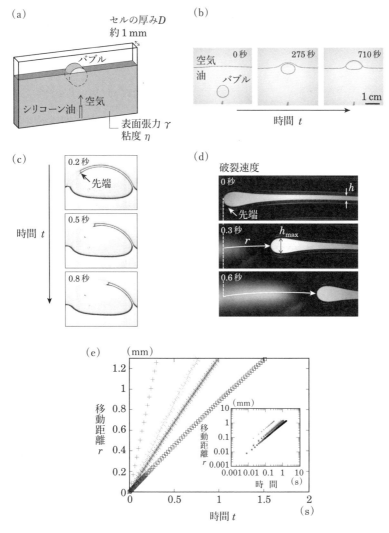

図 5.14　(a) 実験状況の説明.（b）バブルは上昇し，気液界面に落ち着く.（c）やがて，バブルの破裂が起こる.（d）破裂先端の拡大写真. c に先端と示されている部分を拡大して高速カメラで撮影している. c と d とで先端の形状が違って見えるのは，ピントの合っている位置が異なるから（c では前側のセルの板の裏側，d では 2 枚のセル板の中央付近にピントがあっている）.（e）破裂先端の位置の時間変化. Murano & Okumura, http://dx.doi.org/10.1103/PhysRevFluids.3.03160110.1103/PhysRevFluids.3.031601 より転載（CC BY 4.0）.

す．このバブルは，どろどろの油でできていて，シャボン玉のような界面活性剤は含んでいません．

　まず，バブルを形成する油の薄膜は重力によってだんだん薄くなっていきます（ここでは示しませんが，私たちは，この薄膜が薄くなる動力学に関するスケーリング則も解明しています）．そして，薄膜が十分に薄くなると，c に示したように，破裂が始まります．破裂先端の動きを d に示しました．これを解析すると，やはり一定速度になります．

　この場合の理論は，破裂先端での流体の動きに伴う速度勾配に起因する粘性力が，駆動力である表面張力と競合するという物理に基づいて構築しました．結果は，

$$V \simeq \frac{\gamma D}{\eta h} \tag{5.16}$$

となります．ここで，D はセルの厚み，h は破裂している薄膜の厚みです．この場合には，長さスケールがいくつもあるため，どの長さスケールに対応した粘性力が一番強いのかを見極めることが重要でした．逆に，そのからくりがわかると，どういうパラメータで実験を行えば，よりきれいに予言式通りのデータがでてくるかもわかりました．このようにして，実験データと理論の美しい一致を示したのが図 5.15 です．

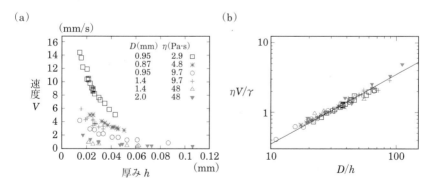

図 5.15　（a）図 5.14e のグラフから決めたバブルの破裂速度とバブルを作る液体薄膜の厚みの関係を示したもの．6 つの異なる（セル厚みと粘度の組みで指定される）実験条件に対する結果．（b）a に示したデータが理論と一致することをデータコラプスによって示したグラフ．Murano & Okumura, http://dx.doi.org/10.1103/PhysRevFluids.3.031601 より転載（CC BY 4.0）.

この研究では，顕微鏡レンズを高速カメラに組み合わせて，流体の流れ場も可視化し，理論的予想と整合する結果も得ていて，この分野の最先端の実験技術を例示するものとなっています．

5.2　滴・バブルの上昇と下降：抵抗則

次の例として，ヘレ・ショウのセルの中で，バブルが上昇するときの速度の研究を紹介します．この実験ではヘレ・ショウのセルに油を入れ，容器の底からバブルを注入してその上昇速度を測定する非常にシンプルな実験ですが，驚くほど明確な法則を発見することができました．

セル中を上昇するバブルは図 5.16a のように真円ではなくわずかに縦長になっています．これを定量的に示したのが図 5.16b です．さらに，バブルの中心位置を時間に対してプロットすると図 5.16c のようになり，バブルがほぼ一定の速度で上昇していることがわかります．なお，バブルを注入してすぐは速度が安定しないので，図 5.16c では，その後に定常になったところを時刻の原点に取っているグラフを示しています．

この実験を条件を変えながら行い，図 5.16c のような直線部分から上昇速度

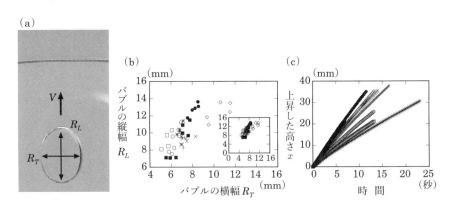

図 5.16　擬二次元バブルの上昇（a）．バブルはわずかにひずむ．その縦幅 R_L と横幅を R_T をプロットした図（b）．バブルの中心の座標を時間に対してプロットした図（c）．セルの厚み D，バブルの大きさ，油の粘性を変えていろいろ実験を行った．その一部がここに示されている．Eri & Okumura, http://dx.doi.org/10.1039/c0sm01535k をもとに作成．

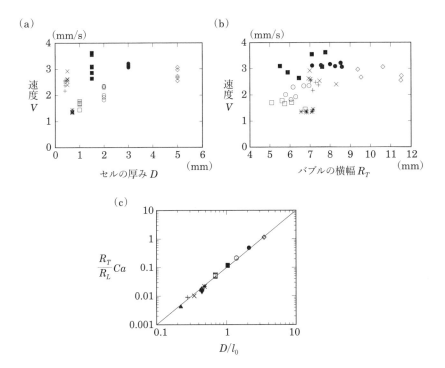

図 5.17　(a,b) 擬二次元バブルの上昇速度をセルの厚み D とバブルの短軸 R_T に対してプロットしたもの. (c) 理論と実験の一致. 直線は傾き 2 を持つ. Eri & Okumura, http://dx.doi.org/10.1039/c0sm01535k をもとに作成.

V を実験的に求めて, セルの厚み D とバブルの短軸 R_T に対してプロットしたのが図 5.17a,b です. 理論的には, バブルのまわりの半径 R くらいの領域に速度勾配 V/D ができていると仮定して, 重力と粘性力が競合するとして理論をつくると, 次式が予言されます.

$$V \simeq \rho g D^2/\eta \qquad (5.17)$$

ここで ρ, g は液体の密度と重力加速度です. これを無次元化した式は, 次の式で定義される速度を規格化した無次元数である毛管数 Ca

$$Ca = \eta V/\gamma \qquad (5.18)$$

と式 (3.11) で $l_0 = \sqrt{\gamma/(\rho g)}$ と定義した毛管長 l_0 を使って,

$$\frac{R_T}{R_L}Ca = (D/l_0)^2 \qquad (5.19)$$

と書き表すことができます．ここで，R_L と R_T はバブルの長軸と短軸です．

　理論式（5.19）に従って，軸を取ってデータのコラプスを示したのが図 5.17c です．図 5.17a,b ではばらばらに見えた 40 以上のデータ点が驚くほどきれいに理論直線にコラプスしています．再現性がとてもよいので同じ条件で行った点はほとんど完璧に一致しており，一つのデータ点に見えています．

　なお，このようにして明確に検証された自然法則は，すでに紹介した，流体力学の教科書に必ず記述されているストークスの抵抗則（97 ページ参照）

$$F = 6\pi\eta RV \tag{5.20}$$

が擬二次元空間でどのように置き換えられるかを示した重要な結果です．この法則は，半径 R の粘性の高い流体球（固体球）が，速さ V をもつ粘性 η の流体の中で受ける抵抗力を与えるものでした．私たちの研究から（ここに示していない液中液滴の下降・上昇実験の結果と合わせると），3 次元の場合の法則 $F \simeq \eta VR$ が，擬二次元では，障害物である滴の内部粘性とその周囲の粘性との相対関係に応じて次のように置き換えられることが分かりました．

$$\eta VR \Rightarrow \left\{ \begin{array}{ll} \eta R_T^2 V/D & \text{周囲の流体の粘性が高い場合} \\ \eta_D R_T R_L V/D & \text{流体の滴の粘性が高い場合} \end{array} \right. \tag{5.21}$$

　さらに，私たちの最近の研究から，擬二次元で，障害物に働く抵抗力が速度に比例しない場合が発見されました（この場合は，図 5.9b のキャプションでふれた薄膜内での速度勾配が重要になってきます）．その研究では，迫力のあるデータコラプスを通して，クロスオーバーも示されています．

粉粒体中での抵抗則

　このように擬二次元中での障害物が受ける抵抗力の研究を進めてきましたが，素朴に，まわりが粉粒体だったらどうなるか？と思い，始めた実験を紹介します．この研究は，予想外の発展をたどり，現代物理学の未解決の大問題のひとつであるガラス転移の問題ともかかわるジャミング転移という問題に対して重要な知見を与えることとなりました．

　図 5.18a,b に装置を示しました．アクリル板を使って二次元的なセルを作

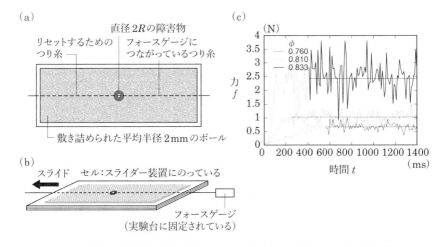

図 5.18 　(a,b)：粉粒体中の抵抗の実験セットアップ．(a) セルを上からみた図．(b) 斜めからみた図．(c) 引きずり速度 300 mm/s における引きずり抵抗力 f と時間 t との関係を充填率 ϕ を変えて示したもの．

り，その中に，平均半径 d が 2 mm のボールを一層，敷き詰めます．このボールは，工業用に市販されているもので，アルミナという固い材料でできています．セルの厚みは，d よりやや大きめにとってあります．そして，このアルミナ球の充填率を ϕ とします．なお，この充填率は，アルミナ球の占める 2 次元的な面積がセルの面積に占める割合で定義します．

これに，直径 $2R$ の障害物を入れます．この直径は粉粒体媒質であるアルミナより十分大きなものとします．この障害物を，図 5.18b のように丈夫な釣り糸で，力を測る装置（フォースゲージ）とつなぎます．セルは，スライダーという装置に固定されていて，この装置を使って，図 5.18b の矢印の向きに一定速度 V で動かすことができます．その間，釣り糸は伸び縮みしないため，障害物は，はじめあった場所から動けずにその場所にとどまる一方で，周りの粉粒体は速度 V で動きます．障害物にかかる力は，釣り糸にかかる力に等しく，その力は，フォースゲージで測定できます．

このようにして，一定速度で動く粉粒体層の中にある固定されて動かない障害物に働く力が測れます．セルの上に乗った人から見れば，粉粒体の層が固定されて動かずに，その中を障害物が一定の速度で動いているように見えます．

ですから，この装置によって「粉粒体層中にある障害物を引っ張って一定速

度で動かしたとき障害物に働く抵抗力」が測定できます．このようにして，粘性液体中を動くバブルや液滴などの「障害物」に働く抵抗力が，まわりを粘性液体から粉粒体に変えたらどうなるか調べることができるわけです．

図 5.18c には，このようにして測った，引きずり抵抗力 f と時間 t との関係を，引っ張り速度 $V = 300\,\mathrm{mm/s}$ の場合に，いくつかの充填率 ϕ に対して示しました．力は，激しく揺らいでいますが，平均値は，はっきりと定義できます．図 5.19a には力の平均値 F と引っ張り速度 V の関係を，粉粒体の充填率 ϕ ごとに示しました．力は平均を取る前は c のように激しく揺らいでいるにもかかわらず，力の平均値 F は速度 V のとても滑らかな関数になっています．

平均値 F（とその揺らぎ）は，図 5.19a を見て分かる通り，充填率 ϕ とともに増えていきます．そして，粉粒体が込み合ってくるとそこをかき分けて進むにはより力がいるという直感にあった結果です．さらに，直感を働かせれば，充填率が上がるとやがて，いくら引っ張っても，動かなくなるということが了解されると思います．つまり，ある充填率に達すると抵抗力が無限大に発散することが予想されます．このことについては後でふれます．

実は，すべての実験データは，

$$F = F_0 + \alpha V^2 \tag{5.22}$$

という式に従っています．以下では，速度 V によらない F_0 を静的な寄与，αV^2 を動的な寄与と呼ぶことにします．理論的考察により，F_0 と α はともに ϕ に依存することが示されています．このうち α は，アルミナボールの密度 ρ と特徴的長さ

$$l = R\Delta\phi^{-1/2} \tag{5.23}$$

を使って，$\alpha = k_\alpha \rho R^2 l/d$ と予言されています．k_α は無次元の数値定数です．また，$\Delta\phi = \phi_c - \phi$ であり，ϕ_c は，いろいろな研究から示されている「ジャミング転移」が起こる充填率の値です．この値は次元に依ることが分かっていますが，今の場合は，2 次元の場合の値である 84.1 パーセントにとても近い値です．つまり，$\Delta\phi$ はジャミング転移点からのずれを表し，ジャミング転移点でゼロとなります．

式（5.23）は，ジャミング転移点に近づき，このずれが小さくなると，l とい

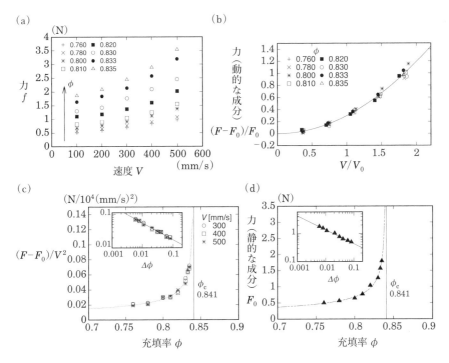

図 5.19 (a) 力の平均値 F と引っ張り速度 V の関係. (b) a のデータにおける引きずり抵抗力の動的な成分を理論に従って規格化された V/V_0 の関数として示したもの. (c), (d): ジャミングの転移点 $\phi = \phi_c$ での引きずり抵抗の動的な成分 c と静的な成分 d の発散の様子. Takehara & Okumura, http://dx.doi.org/10.1103/PhysRevLett.112.148001 より許可を得て転載 (Copyright: APS 2014).

う特徴的長さが発散することを示しています (l が $\Delta\phi^{1/2}$ に反比例することに注意). したがって, (l に比例する量である) α もジャミング転移点に向けて発散することが予言されます. 実は, F_0 も l に比例することが予言されており, 式 (5.22) の動的な寄与, 静的な寄与のいずれもがジャミング転移に近づくと発散し, F 自体も発散することが予言されています.

すべての実験データが, この予言式 (5.22) に従うことを示したのが図 5.19a です. この式は $(F - F_0)/F_0 = \alpha V^2/F_0$ と書けますが, この右辺を $k_\alpha (V/V_0)^2$ と書くと, $1/V_0^2 = \rho R^2 l/(F_0 d)$ となります. この関係に基づいて図 5.19a のデータを, 縦軸に $(F - F_0)/F_0$ をとり, 横軸に V/V_0 をとって整理し直したものが図 5.19b です. このような軸をとれば, 理論が正しければ, すべてのデー

タは $y = k_\alpha x^2$ の上にデータコラプスするはずで，この図にはそのことがよく示されています．図の実線は，$y = kx^2$ を表しています．ただし，k はコラプスしたデータがこの曲線上に良く乗るように決めたものです．こうして決めた k の値は，理論的には決めることのできない無次元数値係数 k_α の値の予言値となります．

ジャミング転移に向けた力の発散の様子を，動的な寄与と静的な寄与に分けて定量的に示したのが図 5.19c と d です．c の縦軸は実験から得られた $(F - F_0)/V^2$ の値であり，これは式（5.22）によれば，実験的に求めた α に相当しますが，この量が $\phi = \phi_c$ に向けて発散する様子が示されています．発散する際のべき指数は，この量が式（5.23）に定義された l に比例するため $-1/2$ ですが，このことを明確に示したのが図 5.19c のインセットです．この発散とそのべき指数を静的な寄与について示したのが図 5.19d です．

図 5.19c,d でべき指数 $-1/2$ が明確に示されていますが，この明確さは，ある国際会議で「これは実験データですか」という質問が出たこともあるほど，まれにみる質の高いものです．

本来のジャミング転移は，重力の作用が無視できるほど小さい状況で，障害物を粉粒体中で無限にゆっくり動かす場合，すなわち，$V = 0$ の静的な場合に定義されています．ゆっくり動かす場合，粉粒体の充填率が低いうちは，粉粒体の粒同士が接触していないので，力ゼロで動かすことが可能です．ところが込み合ってくると粒同士が接触して力を及ぼしあい鎖のように連なります．このため，ある充填率を超えたところで，障害物を動かすのに，たとえ無限にゆっくり動かすのであっても，有限の力が必要になります．このときの充填率がジャミング転移を定義します．

上の研究においては，動的な場合の力の発散が，$V = 0$ のときに定義されたジャミング転移点で生じることを示していますが，このことは決して自明ではありません．

図 5.19 は，国内外の学会等において，多くの研究者が発表で繰り返し見せてきている図です．本研究は，この分野ではそれほどよく知られているものです．たいへん素朴な発想から，粉粒体の研究を始めたのですが，多くの粉粒体研究者の知るところとなりました．この研究がきっかけとなって，例の一円玉

を水に浮かべるデモンストレーションを行う機会を得たのです．人生には，思いがけない展開があるものです．

5.3　微細加工表面への毛管上昇

　最後に，毛管上昇に関連した研究を紹介します．この研究には図 5.20a に示した微細加工表面を用いています．この微細加工表面は，低い柱で構成されています．柱の直径は 0.5 ミリ程度で，高さは 0.1 ミリ程度です．円柱の上面の

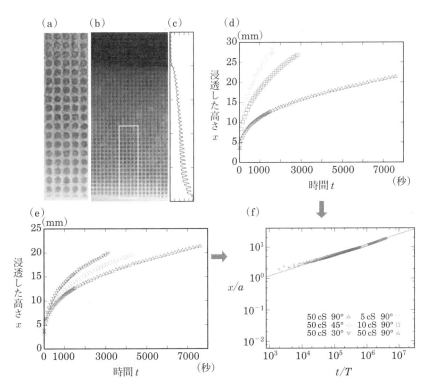

図 5.20　蛍光分子を混ぜたシリコーン油が微細加工表面をはい上る様子．拡大図 a と概観図 b を，はい上がる液体薄膜の輝度解析 c とともに示した．b の白枠の拡大図が a である．浸透した高さ x と浸透時間 t の関係を粘性だけを変えて示した結果 d と，重力だけを変えて示した結果 e に分けて示した．d と e に示した結果が，スケーリング則によって見事にデータコラプスする様子が f に示されている．Obara & Okumura, http://dx.doi.org/10.1103/PhysRevE.86.020601 をもとに作成．

エッジは丸まっていてシャープではありません．実は，「最先端の微細加工技術」では，はるかにきれいな細い円柱が並んだ面を作ることもでき，私たちはこのような面を作った研究も行ってきています．

　シリコーン油はこの基盤の表面を完全に濡らします（接触角がゼロ）．このため，この微細加工表面を加工面を鉛直にして，この液体につけると，液体が重力に逆らうかのように，加工面をはい上がっていきます．この様子は，コーヒーの表面に角砂糖が接すると，コーヒーが角砂糖に浸透していく様子に似ていますね．角砂糖や微細加工表面は，穴がたくさんある構造に似ており，したがって，そこに液体が浸透していくととても広い液・固界面ができます．だから，液体がその固体表面（接しているとエネルギーが下がる場合）は，重力に逆らってどんどん登っていくのです．

　図5.20bは，このようにして柱の周りの溝をはい上がっている液体の厚みを，液体に蛍光分子を混ぜることで可視化しています．この蛍光分子は紫外線をあてると光りますが，液体の厚みが厚いほどより明るく光ります．写真では，下の方が白っぽく，上に行くほど暗くなっていますので，上に行くほど液体の厚みが薄くなっていることが分かります．図5.20bの白い四角枠の部分を拡大したのがaで，この部分でも上に行くほど液体の厚みが薄くなっている様子が分かります．cは，この様子を定量化するために輝度を横軸に，縦軸は左の写真の高さに対応させて示したものです．横軸は右へ行くほど大きな輝度を表すので，確かに，上に行くほど暗くなっていく様子が分かります．

　このはい上がりの動力学，すなわち，浸透現象の動力学は，図5.20dとeに示してあります．これらによって，粘性と重力がともに動力学を遅くすることが示されています．重力を変えるために，微細加工表面が水平な液面と成す角度θを調整しています（この角度は鉛直において，90°となるように定義しています）．図5.20dとeの結果は，粘性も重力も重要だということを示しています．もちろんこの場合も，駆動力は表面張力です．

　詳しい理論には立ち入りませんが，ざっくりというと，次のようにして理論が構築できます．これら，粘性，重力，表面張力の3つの効果がどれも重要だということに着目し，まず，表面張力と重力の競合を式に書くことによって，ある特徴的長さが導入されます．そして，この特徴的長さを，粘性と重力の競

合の式に用いると，$G = g\sin\theta$ として，次式が導出されるのです．

$$x^3 \simeq \gamma^2 t/(\rho G \eta). \qquad (5.24)$$

この式をもとに導かれた美しいデータコラプスを図 5.20f に示します．図 5.20d と e に示したすべてのデータが図 5.20f では，およそ 4 桁のオーダーにわたり収斂しています．

　ところで，式（5.24）は，浸透の高さ x が経過時間 t に対して $t^{1/3}$ でスケールすることをいっています．これは，いわゆる毛管上昇の粘性領域で浸透の高さ x が経過時間 t に対して $t^{1/2}$ でスケールすることと大きく異なります（式（4.12））．このことも，この研究での新しい点でした．

　我々は，毛管現象に関しては，この他に，いくつもの関連研究を行ってきています．本 5.3 節の冒頭でふれた最先端の微細加工技術を使った浸透の動力学の研究では，我々は，柱の間隔と高さの大小関係に応じた二つのスケーリング則を示しました．これらの式では，式（4.12）と同様に x が $t^{1/2}$ にスケールしますが，その比例係数は，柱の半径，高さ，間隔に依存しています（Chieko Ishino *et al.*, *Europhys. Lett.*, 2007; https://iopscience.iop.org/article/10.1209/0295-5075/79/56005）．

　我々は，さらに生物に関連する研究（Tani *et al.*, *PlosOne*, 2014; https://doi.org/10.1371/journal.pone.0096813）も行いました．最近，生物学者が，フナ虫の脚の表面には天然の微細加工表面があることを発見しました．この足の表面への海水の浸透現象を使って，フナ虫は，エラを湿らせて生き延びていることも分かりました．我々は，この浸透の動力学も調べて，x が t にスケールすることを見出しました．

　x が $t^{1/2}$ や $t^{1/3}$ の場合は，浸透の速さはどんどん遅くなってきます（図 5.20d と e でグラフの傾きがどんどん小さくなっていくことに対応）．これは液体を長距離輸送させるには不利な性質です．長い距離を浸透していくうちに速度がどんどん落ちていってしまい，しまいには，液体がほとんど浸透しなくなってしまうからです．一方，x が t にスケールすれば，長距離浸透しても速度が落ちません．

　この原稿を書いている時点で進行している私たちの研究からも，毛管を使った毛管浸透現象でもいろいろなべき指数が現れることが分かってきています．

これは，私の研究室でのインターンシップを希望してフランスからやってきた学生の研究（André and Okumura 2019 https://arxiv.org/abs/1910.02596）によって明確に示され，浸透の速度が遅くなる場合，一定の場合，そして，速くなる場合もあることがわかり，それぞれが，普遍的に一つの式で書けることも分かりました．

　毛管上昇の研究は，少量の液体を輸送することを可能にするため，応用研究にもつながります．たとえば，製薬，生化学などでは，高価な液体をいろいろな組み合わせで混ぜることが重要なので，少量の液体を輸送したり，混ぜたりする技術は応用価値が高いのです．ですから，フナ虫の研究では国内外の特許を出願しており，コの字型の溝をつけることで毛管力を使って少量の液体を混ぜるデバイスの開発の研究（Tani *et al.*, *Sci. Rep.*, 2015; https://www.nature.com/articles/srep10263）も行い，こちらでも国内外で特許を出願しています．

第6章

物質の強度と破壊力学

これから物質の強度や丈夫さに関するお話をします．そのためにまず，理解してもらいたいのが応力集中という言葉です．なお，この章は最先端の研究を紹介する準備として位置づけますが，最後には，最先端の成果も含まれます．ついでに，第1章で扱った切り紙の研究の基礎となるお話もします．

6.1　応力集中のあらまし

図6.1の実験をしてみましょう．まず，いらなくなった紙を一枚用意します．

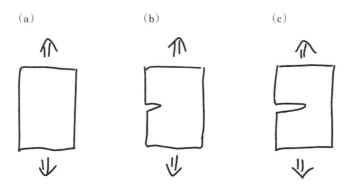

(a)　　　　　　　(b)　　　　　　　(c)

図6.1　紙を使った簡単な「応力集中」の実験．aのように紙を引っ張るとなかなか破れません．ところが，bのように小さな切れ目を入れてやると（引っ張る方向に直角方向に入れる），ぐっと破れやすくなります．cのようにさらに大きな切れ目（亀裂）を入れるとさらにたやすく破れます．この理由は，亀裂の先端付近には引っ張っている力が増幅されて強くかかるからです．このことを「応力集中」といい，ものが壊れることを理解するためのもっとも基本的な考え方です．

そして，その紙の両端をしっかり持って紙を伸ばす方向に強く引っ張ってください．紙はそう簡単には破れないはずです．次に，紙の真ん中あたりを今引っ張った方向とは垂直な方向にびりびりと裂いてみてください．カッターでその方向に切り目を入れても構いません．

ところで，このような切れ目を亀裂と呼ぶことにします．そして，このように亀裂を入れ終わったら，また同じように引っ張ってみてください．すると，今度は驚くほど簡単に，紙が破けて二つになってしまうはずです．

この現象は，応力集中という言葉で説明されます．まず，この言葉にある応力というキーワードは，力を単位面積あたりに換算したものなので，本質的に力であると思ってもらって構いません．だから，この応力集中という言葉は，その「力」が，亀裂の先端に集中する，つまり，亀裂の先端には特に力が強くかかるということを表現しています．すると，亀裂の先端ではその強い力に耐えられなくなって破壊がたやすく進行するのです．

この現象に着目すると，先ほどの紙の実験が説明できます．なぜなら，応力集中の強さは，亀裂が大きいほど強いことが分かっているからです（式（6.7）参照）．つまり，人工的な「亀裂」がないときは，応力集中が起こらないので，

実験してみよう❻紙の破壊

用意するもの

1. A4 程度の紙，数枚
2. はさみ

実験の手順

1. 図 6.1a を参考に，切り込みを入れていない状態で，紙を引っ張ってみる．無理に引きちぎれるまで引っ張る必要はない．
2. 図 6.1b を参考に，切り込みを少し入れた状態で，紙を引きちぎれるまで引っ張ってみる．
3. 図 6.1c を参考に，切り込みを少し大きく入れた状態で，紙を引きちぎれるまで引っ張ってみる．

考察してみよう

上の三つの場合に，紙が引きちぎれ始めるときの力を比較してみよう．後に出てくるグリフィスの破壊応力の公式（6.6）と定性的には一致しているだろうか？

強く引っ張らないと破れないのです．紙に入れる亀裂の大きさを変えて実験してみるとこのことが分かるので，ぜひ試してみてください．たしかに，大きく紙を裂いておいた方が，その裂け目に垂直に紙を引っ張ったとき，より容易に紙が2つに破れるはずです．

6.2　線形弾性体

　ここで紙の力学的な性質を議論するための準備をします．紙は伸びにくいのですが，引っ張るとわずかに伸びています．この伸びは，伸びが十分小さければ，引っ張った力に比例します．紙を引っ張る方向の長さを L，（力 F によって上下に引っ張ったことによって）伸びた長さを ΔL とすると，式（1.1）に出てきたフックの法則

$$F = K\Delta L \tag{6.1}$$

が成り立ちます．比例定数 K はバネ定数に対応します．

　亀裂が入っているときに引っ張ると，紙にかかる力は場所によって違い不均一です．そこで，単位面積あたりの力である応力 σ を $\sigma = F/S$ で導入し，この大きさが場所によってどう違うかを見ていくことにします．ここで S は紙の断面積です（面積 S を十分小さくとり，その面に働く力 F を考えることで不均一な力（応力）が記述できます）．伸びに対しても「伸びた割合」である「ひずみ」$e = \Delta L/L$ を導入して議論します．すると，式（6.1）が成立しているならば，応力 σ とひずみ e も比例することが分かります．つまり，

$$\sigma = Ee \tag{6.2}$$

と書けます．この比例定数 E は「弾性率」と呼ばれ，この式に従う物質を「線形弾性体」と呼びます．次元は左辺がパスカル（$\mathrm{N/m^2}$）ですから，弾性率の次元もパスカルです．実は，式（6.1）よりも式（6.2）の方が基本的な式です．式（6.1）の比例係数 K は紙の長さや断面積によっていますが，弾性率 E は物質の大きさには寄らない物質固有の量として定義ができます．たとえば，紙の弾性率は，ゴムのそれよりも 1000 倍くらいあります．だから伸びにくいの

です．

バネに蓄えられるエネルギーは，式（1.2）で説明したように「バネ定数 ×
のび × のび」を 2 で割ったものです．これは，式（6.1）に対しては

$$U = K\Delta L^2/2 \tag{6.3}$$

となります．この両辺を紙の体積で割った単位体積あたりの弾性エネルギー u
は，単純な計算によって，

$$u = Ee^2/2 = \sigma^2/(2E) \tag{6.4}$$

となることが示せます．たとえば，第二番目の等号は式（6.2）を使えば納得で
きると思います．

ところで，なぜ，単位面積あたりの力を考えたり，単位長さあたりの力を考
えたりするのでしょう．ひとつには，すでに述べたように，考えている物質の
内部に「かかっている力」や「生じているひずみ」が不均一な場合を考えたい
からですが，別の側面もあります．

このことを考えるために図 6.2 に示した実験をしてみましょう．ゴムの硬さ
が全体の長さによって変わってくることが分かると思います．このことは，小
さな変形に対しては，式（6.1）が成立するものの，バネ定数はゴムの長さに
よって変化してしまうことを意味しています．ところが，弾性率と応力を用い
た関係でとらえ直してみると，同じゴムを使っていれば式（6.2）が普遍的に成
り立ち，弾性率は物質の持つ固有の性質とみなすことができるのです．

この点を少し説明します．図 6.1a と b の場合に，同じ力 F で引っ張ると，

(a)　　　　　　　　(b)　　　　　　　　(c)

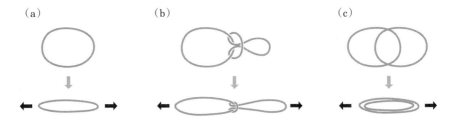

図 6.2　輪ゴムを使った簡単な実験．(a) のように一つの輪ゴムを引っ張ったときと，(b) の
ように 2 つの輪ゴムをつなげて引っ張ったときを比べると，b の方がより簡単に伸びる．この
例から推測できるように，バネは連結するとどんどん柔らかくなる．一方，(c) のようにして
ゴムを 2 重にして引っ張ると，バネは硬くなります．

実験してみよう❼輪ゴムを使った実験

用意するもの

  1. 輪ゴム，数個

実験の手順

  1. 図 6.2 a を参考に，輪ゴムを左右に引っ張ってみる．

  2. 図 6.2b を参考に，輪ゴムを二つつないで引っ張ってみる．さらに 3 個以上つなげて引っ張ってみる．

  3. 図 6.2c を参考に，輪ゴムを 2 重に重ねて引っ張ってみる．さらに 3 重以上に重ねて引っ張ってみる．

考察してみよう

   本文中の説明から，同じ輪ゴムを使うと E は一定で $K = ES/L$ となるので，バネ定数は 2 重にすると 2 倍に，2 つつなげると半分になるはずです．このことをたしかめてみましょう（たとえば，釣り具のオモリを使って一定の力で引っ張ってみてもいいでしょう）．

  a では自然長 L から ΔL のびたとすると b では自然長は 2 倍の $2L$ で，のびは 2 倍の $2\Delta L$ になるのです．つまり，a では $F = K\Delta L$ が成立し，b では $F = K' \cdot 2\Delta L$ が成立しますので，b でのバネ定数 K' は F が等しいので半分の $K/2$ になっていることがわかります．したがってバネの硬さは半分となっています．太さ（断面積 S）は同じですから，応力 $\sigma = F/S$ はどちらも式 (6.2) の形にかけ，E はどちらの場合にも $E = KL/S, e = \Delta L/L$ と書けることが，簡単な計算で分かります（b の場合，自然長が $2L$ なのでひずみは $e = 2\Delta L/2L = \Delta L/L$ となり $F/S = K'(2\Delta L/2L) \cdot 2L/S = K'e \cdot 2L/S$ となろので $K' = K/2$ より，$\sigma = Ee$ かつ $E = KL/S$ となります）．

  図 6.1a と c を同様に比べると，両方同じ力 F で引っ張ると，a が ΔL のびて $F = K\Delta L$ が成立しているときには，c ではのびが半分になるので $F = K''\Delta L/2$ となり，$K'' = 2K$ となり，c のバネは 2 倍硬くなります．しかし，この場合，c では断面積が $2S$ となるのでやはり，どちらも，同じ E と e を使って，式 (6.2) の形にかけます．

切り紙がよく伸びるわけ：座屈転移

　ここで線形弾性体について学んだので，第1章で紹介した切り紙の研究の物理的背景を少し説明しておきましょう．そのために，まず，実験をしてみてください．用意するものは新しめの消しゴムと食器洗い用のスポンジ，そして厚めの紙（できれば，ケント紙）です．これを図6.3aのように，親指と人差し指でつまんで力を加えてみましょう．消しゴムの場合なら，力が弱い間は，bのように平面性を保ったまま L の方向にわずかに縮みますが，ある程度以上，力が強くなると c のように平面性を失った変形をします．このような変形を座屈（バックリング）と呼びます．スポンジで実験すれば b の平面性を保った場合が観察しやすく，紙で実験した場合には c の座屈が観察しやすいと思います．

　ただ，どの材料を使っても，変形 ΔL が小さいときには b の変形が，大きくなると c の変形が起こることには変わりがなく，両者が入れ替わる ΔL の大きさ ΔL_c が違ってくるだけです．この入れ替わり現象は「座屈転移」と呼ばれています．

　この転移がなぜ起こるかの概要を説明します．そのためには，まず，b の変形のエネルギーと，c の変形のエネルギーを ΔL の関数として表してみます．前者は，この場合のひずみが $\Delta L/L$ とかけることから単位体積あ

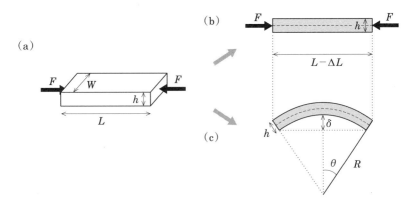

図6.3　座屈現象の実験．（a）実験の方法．両脇から指でつまんで図の F の向きに力をかける．（b）座屈をしないで変形している様子．（c）座屈が起こり平面性を失った様子（h は R より十分に小さいとする）．

たりのエネルギーが，式（6.4）より，$E(\Delta L/L)^2/2$ となること，および，このサンプルの体積が WLH であることを考えると全弾性エネルギーはこれらをかけたものとなり，したがって，ΔL の 2 乗に比例することが分かります．

　後者についてのエネルギーの計算は，本書のレベルを超えるので，代わりに物理的な説明をします．図 6.3c のようにサンプルが半径 R の円の一部のように変形するのですが，このとき，サンプルの厚み方向の真ん中の線が，図 6.3c に破線で示してあります．この線に対応する破線が図 6.3b にも示してありますが，こちらは直線です．これらを中心線と呼び，通常，この長さは不変に保たれます．そのように変形すると一番エネルギーが低いからです．

　図 6.3c において，中心線でサンプルを二つに分けて考えてみると，中心線の長さがもとの L と変わらないとすると，上側では伸びが生じ，下側では縮みが生じていることが分かります．このエネルギーをきちんと計算してみると，そのエネルギーは図 6.3c に示した δ の 2 乗になります．これと ΔL の関係を考慮すると，c の全弾性エネルギーは，ΔL に比例することがわかります．

　まとめると，b の変形のエネルギーは ΔL の 2 次関数となり，c の変形のエネルギーは ΔL の 1 次関数となります．

　切り紙のところでもふれましたが，2 次関数と 1 次関数を重ねて書くと，変数が小さい極限ではかならず 2 次関数がより小さく，反対の極限ではかならず

1次関数が小さくなり，その間に両者が入れ替わる点がでてきます．これが座屈転移に相当します．このことを数式にすると，転移点における伸び ΔL_c に対するスケーリング則は，厚み h と長さ L を使って，次式で表せます．

$$\Delta L_c \simeq h^2/L \tag{6.5}$$

ここで，h と L は，図 6.3 に示したように，サンプルの厚みと，サンプルを押し込む方向の長さです．なお，係数は，詳しい計算で求めることができます．ただし，この係数は，変形時に端の部分がどのように拘束されているかで変わってきます．

　以上に説明した座屈転移は，第 1 章で取り上げた切り紙の高い伸張性を理解する際の「平面内変形」から「平面外変形」の転移に密接に関係しています．この場合に「平面内変形」と言っていたのは，切り紙の切れ込みの間隔（図 1.2 における d）が，図 6.3c における厚み h に相当した座屈です．一方，「平面外変形」は，切り紙の厚み h が，図 6.3c における厚み h に相当した座屈です．この場合には，変形には回転が必要になり，そのために平面性が失われます．

　切り紙の場合にも，座屈転移の場合に倣って，「平面内変形」と「平面外変形」のエネルギーが計算でき，その大小関係から，転移点と「平面内変形」をしているときのバネ定数が求められます．この結果については，第 1 章で議論したとおりです．最近の研究から，この転移現象が「臨界現象」と非常に類似していることも解明されました．この点は図 1.3 のキャプションの論文に書かれています．この論文はだれでも自由にダウンロードできますのでキャプションにある URL から入手してみてください．その付録（Supplemental Material）には，上の座屈現象の詳しい説明もありますので興味がわいたらぜひ見てください（右の QR コードあるいは URL 参照）．

https://journals.aps.org/
prresearch/supplemental/
10.1103/PhysRevResearch.
1.022001/SM.pdf

6.3　グリフィスの破壊応力と破壊力学

　図 6.1 の実験で実感してもらった破壊が始まる臨界の応力を破壊応力といいます．この量は物質の強度の目安となる重要な量で，破壊強度とも呼ばれま

す．この大きさ σ_f を見積もってみましょう．図 6.4 のように亀裂のない紙を遠方応力 σ で引っ張った場合と中央に長さ a の線状の亀裂がある紙を同じ応力 σ で引っ張った場合を比べてみます．ただし，紙の大きさは亀裂長 a よりも十分大きいとします．例によってスケールの分離が起こっている場合に着目することで，議論を簡単にするためです．

図 6.4a では紙のどの部分にも一様な応力 σ がかかって，どの場所も同じだけ伸びています．したがって，エネルギーは，どの場所にも式（6.4）で示したように単位体積あたり $\sigma^2/(2E)$ だけの弾性エネルギーが蓄えられています．

一方，図 6.4b は，亀裂が存在することによって亀裂のまわりでは，全体としては伸びが「緩む」ことによって弾性エネルギーが「解放」されるはずです．このように亀裂のまわりでは，もはや一様な応力が働いていないため，ひずみも不均一になっているはずです．しかし，亀裂から十分に離れれば応力は一様な値 σ に戻っているはずで，ひずみも一様に戻っているはずです．

この様子は，ストークス抵抗を導出したときの議論に似ています．図 4.1 を見直してみてください．流体中で半径 R の球を速度 V で動かした場合も球のまわりでは流体が動きますが，十分離れれば，流体は止まったままです．そのときと同様に考えれば，今の問題を特徴づける長さのスケールは（紙が亀裂長

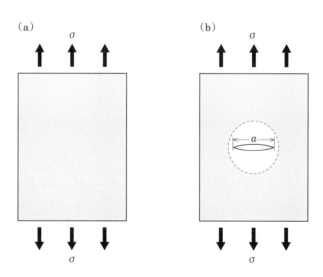

図 6.4 破壊応力の導出のための図．(a) 亀裂のない紙を引っ張った場合．(b) 亀裂のある紙を引っ張った場合．

a に比べて十分に大きいので）亀裂長 a しかなく，亀裂から a 程度離れれば応力は一様な値 σ に回復すると考えられます．

弾性解放エネルギー

この様子を図 6.4 では破線の円で表しています．この円の内部では，単位体積あたり $\sigma^2/(2E)$ 程度のエネルギーが「解放」されているはずです（エネルギーの次元を持つ量は，今の問題設定に入っているパラメーター (σ, E, a) では，この形にしか書けないことに注意してください）．つまり，図 6.4 の a と b の状態を比べると，b の方が弾性エネルギーが減っています．その総量は，紙の厚みを b とすると体積 $\simeq a^2 b$ をかけた $\simeq \sigma^2 a^2 b / E$ となります．

破壊表面エネルギー：破壊靭性

一方，b の状態は，亀裂が開いたことによって新しく面ができています．この「表面エネルギー」を単位面積あたり G としましょう．この G は特に「破壊表面エネルギー」と呼ぶことにしましょう．これも弾性率 E と同様にサンプルの大きさには依らない物質固有の量であり，破壊しにくさの目安となる量で「破壊靭性」ともよばれます．今，新しくできた面は 2 枚あり，それぞれ面積が ab なので，この「破壊表面」を作るために必要なエネルギーの総量は $2abG$ となります．

グリフィスのエネルギーバランス

破壊が起こる限界の状態では，本質的に，この「破壊表面を作るためのエネルギー」が「解放された弾性エネルギー」に等しいことを見抜いたのがグリフィス（Griffith）で 1920 年のことです．そこで，この二つが等しいとすることをグリフィスのエネルギーバランスと呼びます．このバランスは，今の場合，$\sigma^2 a^2 b / E \simeq 2abG$ となるので，これを σ について解いたものを破壊応力 σ_f とみなして，次式のグリフィスの破壊応力の式を得ます．

$$\sigma_f \simeq \sqrt{\frac{EG}{a}} \qquad (6.6)$$

　この式の無次元の数値係数は，詳しい計算で正確にわかっています．その計算はストークスの抵抗則の計算をきちんと行うことと同様に非常に複雑ですが，係数をのぞけば，このようにとても簡単に求めることができます．

　ところで，この式は，図 6.1 で紹介した実験結果と整合しています．この実験では弾性率 E と破壊表面エネルギー G は同じ紙を使っているので，同じはずです．ならば，この式によれば，破壊応力 σ_f は亀裂長 a が大きくなるほど小さくなるはずであり，このことは図 6.1 の実験で確かめたとおりです．

　それでは，亀裂がない図 6.1a の場合の破壊応力はどう決まるのでしょうか？　この問題をグリフィスは次のように考えました（あとでふれるように，実際には紙ではなくガラスを使って考えました）．紙は，大きく拡大してみると平らではなくでこぼこしていて，ところどころ薄くなっていて，小さな穴が開いているのです．このような目に見えない小さな穴を亀裂とみなしたり，欠陥と呼んだりします．

　グリフィスは，このような欠陥の存在によって，それが小さな亀裂のような役割をするので，弱い応力集中が起こり，そのような亀裂先端から破壊が始まると考えたのです．この場合の破壊応力を「物質の本質的破壊応力」と呼ぶことにしましょう．

グリフィスによる実験的検証

　これらの事実は，今から 100 年近くも前にグリフィスが行った巧妙な実験によって検証されています．彼は，目に見えない欠陥，あるいは小さな亀裂（グリフィス欠陥と呼ぶ）の大きさをコントロールするために，ガラス棒を細く伸ばした，糸状のガラスを利用しました（ガラス棒をバーナーであぶって引っ張れば，伸ばす速さや，加熱の加減を調節していろいろな太さのガラスファイバーが簡単に作れる）．

　彼は，こうしたガラスファイバーの表面には，小さな傷ができてしまい，そのような傷がグリフィス欠陥の役割を果たすと考えました．そして，そのよう

な傷は，結局表面にできるのだから，ファイバーを細くすればするほど小さくできると考えました．だとするならば，ファイバーは細くすればするほど丈夫になるはずです．そして，彼の実験の結果は，見事に予言通りになり，彼が理論的に予言した数式できれいに説明ができることを示したのです．

破壊力学

グリフィスはこれらの先駆的業績から，グリフィス理論と呼ばれる，「破壊力学」という分野の基礎を作りました．ところで，「破壊力学」というのは，物騒なネーミングですね．あるとき，私が，ヨーロッパの研究者から国際会議の通知を受けて，よく考えずその国際会議の名前をそのまま訳してそれを件名にしたメールを，メーリングリストに流してしまいました．そうしたら，ある研究者から「物騒な会議ですね…」とのコメントが．なぜなら，そのメールのタイトルは「欧州破壊会議」だったのです．もちろん，英語の原文にはそのような暴力的なニュアンスはありません．破壊と奇妙に訳されてしまった単語は，fracture という単語で，もともとは，骨折，割れ目，ひび，砕く，折れる，という意味です．確かに，他にどう訳せばいいのか，という名案もないのですが….

さて，この冗談のような本当の話はさておき，「破壊力学」という学問は1943年にアメリカの軍艦が航海中に真っ二つに割れてしまうという衝撃的な事件に端を発しています．その後の研究で，その原因は，当時，船体を作る際に金属の板同士を接合するのに使われていたリベットであることが判明しました．要するに，金属の板に小さな穴をあけて，それにピンを通してからそのピンの両端を潰して，板同士をつないでいたのです（このピンのことをリベット，こうしてつなぐことをリベット止めという）．

当然，そんなことをすれば，その小さな穴が「亀裂」として働き，応力集中が起こって板は破れてしいます．しかし，当時は，そのような応力集中の存在は広くは知られてはいなかったのです．

この事件を契機に，亀裂や穴のある材料を使う場合に，どのような指針で設計をすれば，大事故を未然に防げるかということが真剣に考えられるようにな

り，破壊力学という「物騒な名前の」学問がはじまったのです．その分野の中心課題は，亀裂がある物質の亀裂先端にどのように応力が集中するかを調べることです．

6.4 応力集中を表すスケーリング則

最後に，応力集中を表すスケーリング則を紹介しておきましょう．そのために図 6.5a の状況を考えます．すると，亀裂先端から距離 r の位置における応力 $\sigma(r)$ は図 6.5b のような概形をしています．

$\sigma(r)$ が，図 6.5b のように $r = a$ 付近で，遠方での応力 σ_0 に回復しているのはグリフィスのエネルギーバランスのときに説明した理由から想像できるはずです．このことから，$\sigma(r)$ は a が r よりも十分に小さい極限的な状況（つまり，亀裂先端のごく近く）では，次の形をしていることを示すことができます（詳しくは，すぐ後にある 参考 で説明します）．

$$\sigma(r) \simeq \sigma_0 (a/r)^\alpha \tag{6.7}$$

この式は確かに $r = a$ 付近で，$\sigma(r)$ が σ_0 に回復するようになっていることに

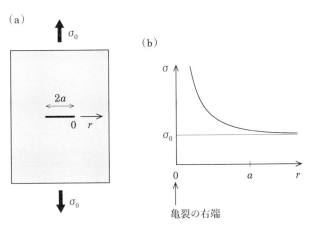

図 6.5　亀裂先端での応力集中の説明図．（a）長さ a の線状亀裂の入ったシートを引っ張っている様子．水平方向に r 軸を考え，亀裂の右端に原点を取る．（b）亀裂先端からの距離 r の場所での応力の強さの概念図．

注意してください．そして，線形弾性体の場合には，この α が $1/2$ になることも示されています（ **参考** 参照）．α が正の数であれば，図6.5bのように r が小さくなると $\sigma(r)$ が大きくなりますので「亀裂先端で応力が集中する」と表現されるわけです．

参考 応力集中を表すスケーリング則の導出

　実は，$\sigma(r)$ はある微分方程式という数式を満たしていて，その式には弾性率などの物質固有の物理量が入っていません．$\sigma(r)$ を導くことは，この式を「境界条件」と呼ばれる条件のもとに解くという数学的問題になります．ところがこの境界条件に現れる次元のある物理量は σ_0 と a だけになるので，a が r よりも十分に小さい極限でスケーリング則が現れるとすれば，上の形以外にあり得ないのです．

　さらに，この式は，亀裂長 a と亀裂先端からの距離 r が十分にスケール分離しているときには，「破壊臨界状態で a に依らなくなる」ことが期待されます．この原理に基づいて，σ_0 にグリフィスの破壊応力の式（6.6）の右辺を代入したものが a に依らなくなることを要求します．すると，式（6.7）の指数 α が $1/2$ に定まります．つまり，

$$\sigma(r) \simeq \sigma_0 (a/r)^{1/2} \tag{6.8}$$

を得ます．この結果は，詳しい計算によって得られる結果と無次元の数値係数をのぞいて一致します．

　つまり，この式が，応力集中の様子を数学的に表したスケーリング則です．この式は，確かに亀裂先端で遠方応力よりも応力が大きくなっていることを示しています．

連続体の概念

　しかし，式（6.8）や α が正のときの式（6.7）は，数学的には，亀裂先端で応力が無限大に発散することを示しています．現実には，r が分子や原子のレベルになれば，この式は成り立つはずがありません．なぜなら，r の滑らかな関数として応力を定義するには，たくさんの数の分子や原子を含んではいるものの，十分小さい領域を考え，その領域内での応力の平均値として応力を定義する必要があるのです．

　流体の理論においても事情は同じで，液体のある場所の速さを考えるときにも，液体を構成する原子や分子よりも十分大きいけれどもマクロには十分小さい領域を考えて，そのような領域での平均値を考える必要があります．このこ

とを，原子や分子よりも十分大きいけれどもマクロには十分小さいスケールでは，液体や固体は「連続体」として扱うことができる，と表現します．このような理由から，流体や弾性の理論は「連続体理論」と呼ばれることがあります．

連続体理論が破綻するスケール

このことからあらゆる連続体理論はその理論が破綻するスケールを持つことが分かります．これまで考えてきた線形弾性体では，明らかに原子や分子のサイズで破綻します．しかし現実には，もっと大きなスケールのグリフィスの欠陥を持っています．この特徴的サイズを d とすると，このスケールで理論が破綻するのです．

亀裂先端に現れる応力の最大値

このことから亀裂先端に現れる最大の応力 σ_M は式（6.8）で $r = d$ とおいた次の値に制限されます．

$$\sigma_M \simeq \sigma_0 (a/d)^{1/2} \tag{6.9}$$

実際に，亀裂先端に現れる最大応力が上式で与えられる値にスケールすることは，我々のグループで簡単なモデルを使った数値計算による研究においても示されています．

グリフィス欠陥による物質の本質的破壊応力

この連続体近似が破綻するスケール d を用いれば，前に述べたマクロな亀裂がない場合の「物質の本質的破壊応力」は式（6.6）において $a = d$ と置くことで得られる次式で与えられます．

$$\sigma_I \simeq \sqrt{\frac{EG}{d}} \tag{6.10}$$

応力条件とエネルギーバランスの等価性

　これまでに，物質に亀裂があるときには，先端に応力が集中して，そこから破壊が始まると説明してきました．この条件を今までに出てきた概念で表すと「亀裂先端に現れる最大応力」が「物質の本質的破壊応力」に一致するときに破壊臨界が実現することがわかります．これに基づいて応力の条件 $\sigma_M \simeq \sigma_I$ を要求し，これを σ_0 について解くと $\sigma_0 \simeq \sqrt{EG/a}$ となります．この σ_0 は今の場合，破壊応力 σ_f とみるべきですので，この応力条件がグリフィスのエネルギーバランスから導かれたグリフィスの破壊応力の式（6.6）に一致することが分かります．つまり，グリフィスのエネルギーバランスは応力条件 $\sigma_M \simeq \sigma_I$ と物理的に等価なのです．

　このことは私たちが 2014 年に発表した論文で言及され，この論文では，図 6.6 に示したフォーム性の高分子材料を使って，この等価性の実験的な検証にも成功しています．この場合にはフォームのサイズが d に相当します．なお，高分子分野のトップジャーナルの一つに掲載されたこの論文は，レフェリーから「私は以前にこれほど明快なフォームの破壊に関する研究を見たことがない

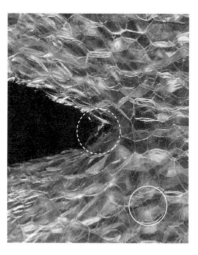

図 6.6　フォーム性の高分子材料のシートに亀裂を入れて引っ張ったときの亀裂先端の拡大図．写真右下の白い線で囲んだのが，ひとつのフォームを表す．破線の円が亀裂先端に相当する．Kashima & Okumura, *ACS Macro Lett.*, 2014, https://doi.org/10.1021/mz500122v をもとに作成．

（英語原文の訳）」という高い評価をいただきました．論文の審査結果の文書に
このような賛辞があることは研究者としてとてもうれしいことです．

　なお，私たちのグループでシート状の高分子における亀裂の問題に関する
研究も，理論・実験・シミュレーションのすべての観点から盛んに行っていま
す．また，これらの研究をきっかけとして，さまざまな会社と共同研究を行っ
てきています．なぜ，シート状の物質に着目しているかといえば，それは試料
の大きさ，亀裂長から厚みを「スケール分離」することができ，より問題が簡
単化するからで，この視点も印象派の精神に基づいたものです．

第7章

最先端の研究：
物質の強靭性編

さて，これまで見てきた物質強度や破壊力学の基礎を活用して，最先端の研究を紹介していきましょう．

7.1　なぜ，真珠は丈夫なのか？

真珠層とは？

真珠層とは，文字通り，真珠の（表面を）覆う薄い層のことです．真珠の表面は，0.5 ミクロン程度の硬いセラミックのような硬い層が積層していて，その間に，その 20 分の 1 ほどの厚さの薄いたんぱく質の柔かい層が挟まっています．それが接着剤のような働きをして，全体として，固体のような一塊になっています．次ページの図 7.1 に真珠層の断面の拡大図を示しました．たんぱく質の層は，あまりに薄いのでこの写真では直接見ることはできません．ちなみに，1 ミクロン（μm）は，$1/10^6$ ミリメートルのことで，10^6 とは 1 のあとに 0 が 6 個並ぶ大きな数（つまり，1000000）なので，$1/10^6$ はとても小さな数です．

真珠が美しく輝くのは実はこの層状構造に起因しています．この硬い板の厚みが大体 0.5 ミクロンくらいで，ほぼ，目に見える光（可視光）の波長の長さと同程度です．そのため，光はその層状構造と複雑に相互作用して美しく光ることになります．アワビなどの貝殻の内側も真珠の表面のように美しく輝いているものがあるのをご存じと思います．これも同じ構造を持ちやはり真

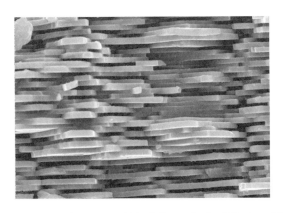

図7.1　真珠層の拡大写真（Dinesh Katti 博士の好意による）．薄い板状のものが規則正しく積層しているのが分かる．この板が「硬い」層で厚みは 0.5 ミクロンくらいである．これらの板の間には薄くて柔らかい接着剤のような層があって，一塊になっている．

珠層と呼ばれます．

　こんな規則正しい構造が秩序だって自然にできているというのは驚くべきことです．ところが，自然界の生物は，多くの場合，このような信じられないような精巧な微細構造を有していて，そのために，特徴のある性質を醸し出しています．たとえば，図7.3 に示したように，ロブスターの殻も複雑な構造を持つことで非常に丈夫になっています．いまの真珠層の場合，その性質とは，美しさと，そして，丈夫さです．

　真珠層の丈夫さを実験で示すことはそう簡単ではありません．薄い真珠層をはがして力学測定をすることが難しいからです．サンプル自体がかなり小さくなり，サンプルをうまく用意することも簡単ではありません．それでも，

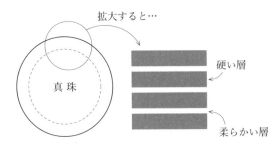

図7.2　真珠と真珠層の関係．真珠層の表面に平行に硬い板が積層している．実際には硬い層に比べて柔らかい層はもっと薄く，硬い層の 20 分の 1 くらいである．

(a)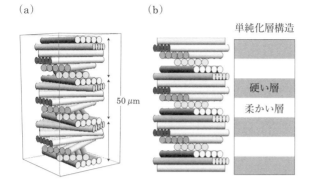

(b)

単純化層構造

硬い層

柔かい層

(c)

外側のスパイラル構造

50 μm

内側のスパイラル構造

50 μm

図 7.3 　(a) ロブスターの外骨格の内部にあるスパイラル構造の模式図. (b) 左：a に対応
した模式図. 右：これを単純化した層状構造. (c) 実際のスパイラル構造の断面の写真. 外側
と内側にピッチの異なるスパイラル構造に対応した周期の異なる層状構造がある. a と b は,
Okumura, *MRS Bulletin*, 2015, http://dx.doi.org/10.1557/mrs.2015.66 より許可を得て転載
（Copyright: MRS 2015）. c は, Romano, Fabritius, and Raabe, *Acta Biomaterials*, 2007
（Elsevier）, https://www.sciencedirect.com/science/article/pii/S1742706106001449 より許
可を得て転載.

1970 年代には，すでにそのようなことが行われていました．その結果，破壊
表面エネルギーで比較すると，真珠層の丈夫さは，もし同じものが硬い層の素
材だけの塊でてきていた場合と比べると，なんと 3000 倍にもなることが示さ
れました．

真珠層の研究を始めたきっかけ

　真珠層の体積の 95 パーセントが硬い層であることを考えると，3000 倍とい
う数字は，本当に驚くべきものです．わずか 5 パーセント余りの柔かいものを
うまく配置したら 3000 倍も丈夫になったというのですから．このような理由
で，私がパリに渡り，はじめてドゥジェンヌ先生に会ったとき，彼は，この物
質に夢中になっていました．こうして私は，ドゥジェンヌ先生と真珠層の強靭
性に関する研究を始めることになりました．
　しかし，私がこの研究を始めた 1999 年には，この強靭化の機構を説明しよ
うとする試みはすでにかなりありました．そして，そのような研究を行ってき

た研究者が中心となって生物模擬学という新しい分野が形成されてきたほど
です。

　さらに，このような積層構造体自体は，もっと大きなスケールではいろいろ
な材料に使われてきているものです。たとえば，ベニヤ板も積層構造を使って
強くしているし，飛行機にもこうした層状構造を利用した優れた素材が使われ
てきています。このように複合構造を利用して丈夫な材料を作るという研究
もたくさんなされてきて，「複合材料」という分野がすでにありました。そし
てその分野で積層構造の理論は基本中の基本だったのです。

　このような状況で，何か新しいことなどできるのだろうか？と思われるかも
しれません。しかし，私はそうは思いませんでした。理由は簡単で，私は，そ
れらの分野のことをまったく知らなかったからです（これが異分野から新しい
分野に参入するものの強みです）。しかし，それでも，結果的には，重要な貢
献ができました。その経緯をこれからお話しします。

　1999年9月，私はパリのコレージュ・ドゥ・フランスにオフィスをもらい，
ドゥジェンヌ研究室の一員として暖かく迎えてもらいました。パリに到着して
間もなく，私はドゥジェンヌ先生から手書きの論文原稿を渡されました。ドゥ
ジェンヌ先生は，研究のスタイルもエレガントなのですが，その手書き文字も
とてもエレガントで，それがスラスラ読めるようになるにはかなりの時間がか
かりました。そして，その論文こそが彼がほぼ書き上げていた真珠層の強靭性
に関する論文でした。

　私はその手書き原稿を苦労して読んだものの，キーとなる議論の部分はどう
しても納得できませんでした。これがきっかけとなり，私は本格的にこの研
究を始めました。私が考えたことは，後から考えると「複合材料」の分野の基
本である積層構造の理論を何も知らずに自分で一から作っていただけでした。
しかし，私たちは，さらに，「硬い層」と「柔かい層」の硬さが極端に違うと仮
定してその極限だけで通用する理論を構築したのです。このことが，研究され
つくされていたかに見えた研究分野に新しい息吹を吹き込むことにつながっ
たのです。

　これは，今から振り返ってみるとまさに印象派の精神ということができま
す。ただ，物理屋は，まずはなるべく理論が簡単になる状況を考えて，そこを

出発点に考えよう，という訓練をされてきているものです．その意味では，印象派の精神は物理の正攻法ともいえると思います．

真珠層の研究の進展

　研究を進めるにつれ，我々の考えた極限状態の積層構造理論で，亀裂が入った場合に応力集中がどうなるかについて，数学的にきれいに解ける可能性が出てきました．しかし，それから先は，一筋縄ではありませんでした．私が解かなければならなかった方程式はラプラス方程式といって，古くから電磁気の分野でいろいろな解が知られていました．そこで，本を調べまくったのです．

　ところで，コレージュ・ドゥ・フランスは，ある種，博物館のようなところです．ある日，5，6人がずたずたとドゥジェンヌ先生の部屋に入っていって，古ぼけた机を運び出しました．何かと思って聞いたら，なんと，それはあのアンペールの法則のアンペールが実験を行っていた机で，これから博物館入りするので，運び出したというのです．

　本に関しても同様で，普通なら博物館に入っていてもおかしくないような，100年，200年前の本が無造作に本棚に並んでいるのです．私が見つけ出した，もっとも網羅的なラプラス方程式の本もそんな一冊でした．フランス語で書かれていたその本の中に，私が求めている答えを必死で探しました．しかし，残念ながら，我々の考えているのは電磁気の問題としてはかなり特殊なものであるために，我々の必要としていた解は過去の研究では見つけられていなかったようでした．ただ，そうしているうちに，答えを解くいろいろなテクニックが分かってきました．そして，さんざん苦労した挙句，帰国の間際にようやくなんとか自分で解を導き出すことに成功したのです！

　しかし，そうして求めた式のままでは，すぐにはその答えが，納得のいく解であるかがわかりません．そこで，その式に対して極限操作を行いました．すると，非常にシンプルなスケーリング則が出てきました．これは，式 (6.8) に対応する応力集中の式ですが，両者を比べると，我々の真珠層モデルの式の方が応力集中の効果が弱くなっていることが分かりました．

　これから説明するように，このことはドゥジェンヌ先生のもともとのアイデ

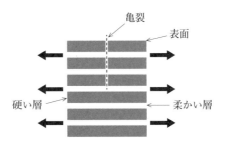

図 7.4 真珠層の表面にできた亀裂. これを横に引っ張ると, 亀裂が柔かい層で止まっている
とし, もし柔らかい層が空気のようなものであったとしたら, これ以上亀裂が進むためには,
次の硬い層を亀裂なしの条件で破らなくてはならない.

アの通りでした. しかし, スケーリング則が得られたことで, 真珠層が丈夫に
なる理由が説明できただけでなく, どのようにしたら, どのくらい応力集中を
減らせるかまで分かったのです.

　ここで, そのもともとのアイデアについて説明しましょう. いま, 仮に, 真
珠層の柔かい層が空気のようなものだと考えてみましょう. これは, ある意味
の柔かい層に対する極限操作です. このとき, 図 7.4 のように, 真珠層の表面
に亀裂が入っているとすると, その先端からさらに亀裂が進展するには, その
すぐ下の硬い板を一から壊さなくてはいけないことになります. しかし, この
板には亀裂が入っていないので, とても丈夫なはずです. だから, このような
層状構造を取っていれば応力集中は起こらず, 丈夫になると予想できるわけで
す. これがもともとのアイデアです. 我々はさらに, このアイデアを数学的に
モデル化して柔かい層が柔かい極限で成立する理論を考えることでスケーリ
ング則を導き出したのです.

　以上の成果は, 2000 年にドゥジェンヌ先生と共同で発表しました. 発表当
初は見向きもされませんでした. しかし, その後, じわじわと評価され, 真珠
層や層状構造の強靭性に関する有名論文になっています.

真珠層の研究のその後

　この他にも真珠層の研究を, いろいろな観点から行ってきました. ここで
は, その中からもう一つ紹介します. 2000 年の論文の中で応力集中の弱まり

方についての予言をしましたが，残念ながら，これはいまだに実験的に直接検証されていません．そこで，我々は計算機の中で層状物質を作り上げて，応力集中の具合を調べることを行いました．この研究は，修士課程で卒業して会社でこの種の計算技術のプロになった元学生さんが博士号をとるために研究室に戻ってきてくれて実現した研究です．

　この問題は，多くの重要な因子（パラメータ）を含んでいます．具体的には，まずは，薄い柔かい層の厚さ，それよりはるかに厚い硬い層の厚さです．さらには，理論を確かめるには，その厚い硬い層よりもはるかに大きい亀裂を入れなくてはならず，その上，その計算機で必要なサンプルの大きさは，その大きい亀裂よりもさらに大きくなければなりません．つまり，いろいろな長さが関係していて，それらが，大きさのうえでよく分離していなくてはいけません．つまり，小さいものから大きいものへと並べたときに，そのとなり合う長さが，ものすごく違っていなければならないのです．

　たとえば，すべてのとなり合った長さが最低10倍は違っていなければならないとしてみます．すると，柔かい層の厚さを1とすると，硬い層の厚さは10，亀裂の大きさは100，そしてサンプルの大きさは1000となります．だから，正確に大きさの比を反映して書くと，まともに絵で表すこともできません．

　この種の問題は，非常に広い範囲にわたって重要な長さが分布していて，マルチスケールの問題といわれ，現在の計算機でも取り扱うのが難しい問題なのです．そこで，計算では，いろいろな意味で大きさの分離の条件を緩めています．簡単に言うと，となり合った長さが数倍しか違わないというようなこともやっているのです．だから，我々は，計算結果が，我々の予言にきれいに合うとは思っていませんでした．ところが，驚くべきことに，極限状態としてみなすために必要な条件が少しくらい破れていても，計算結果と理論の結果がよく一致したのです．

　具体的には，この研究では次ページの図7.5のように，中央に水平な線状亀裂がある場合に，上下に引っ張ったときの応力分布やひずみの様子を，真珠層のように層状構造がある場合のａと硬い層だけの場合のｂについて，調べました（ｂは図6.4bに対応する図です）．図から，2000年の論文の予言通りに，層状構造があると亀裂先端での応力集中が小さくなっていることが分かります．

(a)　　　　　　　　　　　　　　　　　　(b)

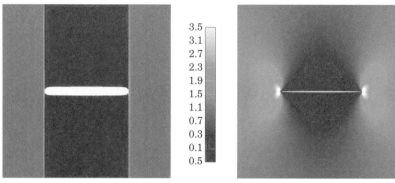

```
3.5
3.1
2.7
2.3
1.9
1.5
1.1
0.7
0.3
0.1
0.5
```

　　　真珠層における弱い応力集中　　　　　固い層だけでできた物質における強い応力集中

図7.5　亀裂がある場合の応力分布を濃淡で示したもの．（a）層状構造がある場合の応力分布．（b）硬い層だけでできた物質の場合の応力分布．Hamamoto & Okumura, *Adv. Eng. Mater.*, 2013, http://dx.doi.org/10.1002/adem.201300061 をもとに作成（Copyright: Wiley 2013）．

　さらにこの計算結果について詳しく説明します．図7.5aとbの亀裂の右側の先端付近の上側の亀裂表面の形状を拡大して示したのが，それぞれ図7.6aとbになります．

　この図7.6aを見ると，硬い層と柔かい層の層状構造があると，亀裂の先端付近では，柔かい層がとてもよく伸びていることが分かります．亀裂表面形状が階段状になっているのが見てとれますが段差が大きくなっている部分が薄い層に相当しています（この形状を輪郭線として示したのが図7.6cの一番上のグラフです）．このために，硬い層は伸びが抑制されてほとんど変形しなくなります．ところが，真珠層は95パーセント硬い層でできているので，硬い層の伸びによって応力が決まります．だから，硬い層の伸びが抑制されることで，応力集中が抑制されるのです．

　一方，硬い層だけでできている場合の図7.6bでは，柔らかい層が硬い層と同じになってしまっています．このため，図7.6aのような階段状の構造はなく，亀裂形状は滑らかになっています．この滑らかな輪郭線が図7.6cの一番下のグラフに相当します．

　図7.6cには，すでにふれた図7.6aとbに相当する亀裂表面形状（上側）に加え，他の2つの場合の形状もプロットされており，計4つの場合が示されて

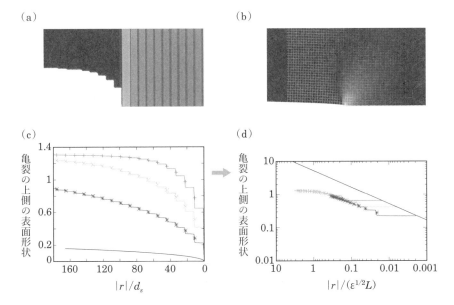

（a）

（b）

（c）
（縦書き）亀裂の上側の表面形状

$|r|/d_s$

（d）
（縦書き）亀裂の上側の表面形状

$|r|/(\varepsilon^{1/2}L)$

図 7.6 （a）図 7.5a の右側の亀裂先端部をとり出した図．この左下の輪郭線が右側の亀裂先端付近の（上側の）亀裂表面の形状である．（b）図 7.5b の右側の亀裂先端付近の図．（c）亀裂先端付近の亀裂の表面形状（上側）．d_s は柔らかい層の厚み．一番上のカーブが図 7.5a の右側の亀裂先端付近の亀裂表面の上側の形状に相当し，一番下のカーブが図 7.5b に相当．（d）c のグラフを予言されたスケーリング則に基づいて軸を取り直したグラフ．（a）〜（d）：Hamamoto & Okumura, *Adv. Eng. Mater.*, 2013, http://dx.doi.org/10.1002/adem.201300061 より許可を得て転載（Copyright: Willey 2013）．

います．下から一番上の形状へ行くにしたがって，柔らかい層の柔らかさが増していて，一番上が実際の真珠層に相当する柔らかさの場合です．柔らかい層が柔らかくなればなるほど，柔らかい層がよく伸びていることが分かると思います．先に述べた理由で，その分だけ硬い層の伸びが抑制され，それだけ応力集中が抑制されます．したがって，破壊が起こりにくくなり丈夫になります．これが，真珠層の場合に，硬いものと柔らかいものの組み合わせが丈夫になっている理由です．

図 7.6c のグラフについて，2000 年の論文で予言されたスケーリング則にもとづいてグラフの軸を取り直したのが図 7.6d です．とてもきれいにデータコラプスが起こっていることが分かると思います．長さスケールがいくつも入っているために，スケーリング則が成り立つべき条件がうまく成り立っていないのにもかかわらず，よく一致しています．

スケーリング則は，もともとは極限状態でしか成り立たなくてよいはずのものです．しかし，切り紙の研究の例でも指摘したとおり（10ページ参照），実際にはその極限状態にそれほど近づいていなくても，スケーリング法則が良く成り立っていることもあるのです．

7.2 なぜ，クモの巣は丈夫なのか？

今度は，皆さんが日常的に目にしているクモの巣の研究を紹介します．実はクモの糸は，絹の糸同様に丈夫で優れた材料として非常に盛んに研究がなされてきています．クモの糸の構造を詳細に調べてみると，実に精巧な階層構造を持っていることがわかっています．他にも，驚くべきことがたくさん明らかになってきています．

それに対して，我々が着目したのは，「クモの巣」です．そのネットワーク構造に着目したのです．クモの糸の太さが1ミリの10分の1以下であるのに対し，クモの巣は大きい場合には，何十センチもあります．つまり，着目する大きさの程度が，クモの糸に関する研究とはまったく違っています．考えてみれば，クモの巣はとても軽い構造体です．それなのに，風や外敵からの攻撃に耐え，少しくらい壊されていたって，虫を捕獲するという機能は，立派に保っているように見えます．この網目のような構造は，宇宙船や橋にも似ています．だから，似たような網目状構造をなるべく軽く丈夫に作るために，何か学ぶことがあるのではないか？と思いをはせても不自然ではないでしょう．

もっとも，私がクモの巣を研究しよう！と決めたのは，こんな壮大な思いからではありませんでした．単に，ある日，たまたま目にした新聞記事がきっかけなのです．その記事には，クモの巣は，縦糸と横糸からなっていて（ここまでは誰でも知っていると思いますが），縦糸は硬く，横糸は柔かい，と書いてありました．この記事への偶然の遭遇がこの研究の始まりだったのです．

なぜ，この硬いものと柔かいものの組み合わせに鋭く反応したかというと，皆さんはすでにお気づきかもしれませんが，真珠層と同様だったからです．私は真珠層の研究を行って以来，この組み合わせで丈夫になることは普遍的なこ

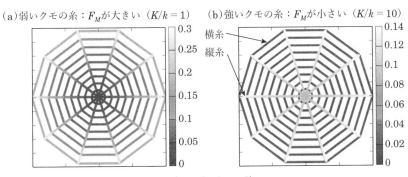

(a) 弱いクモの糸：F_Mが大きい（$K/k=1$）　　(b) 強いクモの糸：F_Mが小さい（$K/k=10$）

横糸
縦糸

最大の力F_Mが小さい＝強い

図7.7　クモの巣モデル．濃淡で糸にかかっている力が示されている．(a) 横糸と縦糸の硬さが同じ場合．(b) 実際のクモの巣のように縦糸の方が硬い場合．Aoyanagi & Okumura, *Phys. Rev. Lett.*, 2010, http://dx.doi.org/10.1103/PhysRevLett.104.038102 をもとに作成．

となのではないかと思い始めていたのです．

　そんな折に，この新聞記事を目にしたので，私は強い好奇心に襲われました．そして，考えつく範囲でもっとも簡単なモデルを考えました．これ以上簡単にすると，これはクモの巣ではなくなってしまう．そんな，クモの巣の構造の最低ラインだけを取り込んだモデルでした．具体的には，図7.7のような，バネが網目状に結ばれたクモの巣を考え，それを少し引っ張って，それぞれに糸がぴんと張るようにしました．実際のクモの巣でもこのようにクモの糸はぴんと張っています．我々は，このモデルを使って縦糸と横糸のバネの硬さの比をいろいろ変えてコンピュータを使って計算（シミュレーション）してみました．

　ところで，このモデルでは縦糸のバネは長さがどれも同じですが，横糸のバネは外周へ行くほど長くなります．「**実験してみよう❼**」（139ページ）でふれたようにバネの硬さは長さによって変わってきます．ですので，ここで言っているバネの硬さの比というのは両方とも同じ長さであった場合に比較したときのものです（この場合，太さは同じ）．

　我々は，この研究において特に，クモの巣にかかる最大応力に着目しました．応力とは力を単位面積あたりに換算したものなので，このことは，言い換えれば，クモの巣のどのバネに一番力がかかるかに着目したのと同じです．ク

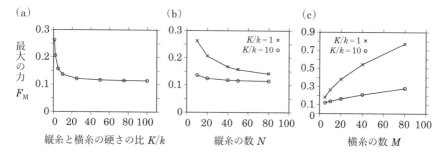

(a) クモの巣モデルを構成するバネの中で一番力がかかっているバネ（最外周の縦のバネ）にかかる力 F_M が縦と横の（単位長さあたりの）バネの硬さの比によってどのように変わるかを示した図．最大の力が小さくなればクモの巣は丈夫になるとみなすことができるので，この図の縦軸は下へ行くほどクモの巣が丈夫になるとみなしてもいい．(b) F_M と縦糸の数 N の関係．(c) F_M と横糸の数 M の関係．b,c ともに上側が横糸と縦糸の硬さが同じ場合．下側が，実際のクモの巣のように縦糸が硬い場合．Aoyanagi & Okumura, *Phys. Rev. Lett.*, 2010, http://dx.doi.org/10.1103/PhysRevLett.104.038102 をもとに作成．

モの巣が，風などの外界からの刺激で壊れ始めるとすれば，もともと強い力がかかっていた場所から始まるはずです．それならば，そのようなもっとも強い力がかかっている糸にかかる力をなるべく抑えればクモの巣が丈夫にできるだろう，という発想です．そこで，以下では，クモの巣に現れる最大の力が小さいほどクモの巣は丈夫だと考えることにします．

　このように考えて，図 7.7 のような，バネが網目状に結ばれたクモの巣を考え，それを少し引っ張って，それぞれに糸がぴんと張るようにしました．そして，どのバネに一番強い力がかかるかを調べました．

　図 7.7 から分かるように，このモデルでは，一番外周の縦糸のバネに一番強い力 F_M がかかります．F_M は，クモの巣に現れる最大の力です．これを縦軸にとり，横軸にクモの糸の縦糸と横糸の（単位長さあたりの）バネの硬さの比を取ったのが図 7.8a です．上に述べた理由で，この図の縦軸に示したクモの巣に現れる最大の力 F_M が小さいほどクモの巣が丈夫であると判断することができますから，このグラフは，クモの巣は縦糸と横糸のバネの硬さの比が大きければ大きいほど丈夫であることを示しています．

　図 7.8a をよく見てみると，縦軸の値は，バネの硬さの比が小さいところで急激に減少し（つまり，クモの巣の強さが急激に強くなる），すぐにあまり変化しなくなっています．つまり，バネの硬さの比が大体 10 くらいのところで

急激な変化がなくなり，バネの硬さの比がそれ以上になってもあまり最大の力（つまり巣の強さ）は変化しなくなっています．

　一方，糸の作り手であるクモにとっては，バネの硬さの比を大きくすることはそれなりに大変なはずです．それならば，この 10 あたりで妥協するのが，クモ糸を作る労力まで考えたうえでの最適解でしょう．そして，この「10 あたり」というのは，調べてみると，実際のクモの巣における縦糸と横糸のばねの比の典型的な値に近いことが分かりました．つまり，この簡単なモデルによれば，クモの巣の縦糸と横糸のバネの硬さに差があるのは，どうやらクモの巣を力学的な強度に関して最適化した結果であるとの解釈ができるわけです．

　さらに我々は，この単純なモデルにおいて，横糸の数や縦糸の数をいろいろ変えてみました．その結果が図 7.8b,c です．これらから分かるように，バネの硬さの比が大きいほうが，横糸や縦糸の本数を変えたときに，クモの巣の丈夫さが変わりにくい，ということです．これならば，クモは，状況に応じて，力学的強度の低下を気にすることなく，いろいろな場所にしっかりとクモの巣を張ることができるし，また，その場所に多い虫のサイズに合わせて横糸の間隔（横糸はねばねばしていて，主にこれらが虫をキャッチする）を密にしたり疎にしたりできます．つまり，縦糸と横糸のバネの硬さの比は，クモが，強度を気にかけずに大きな自由度をもってクモの巣を張ることを可能にしているのです．言ってみれば，このばねの強さの比の大きさが，クモに高い適応能力を与えているのです．

　我々はこの計算結果を受けて，過去の論文をいろいろ調べてみたのですが，このようなシンプルなモデルでの研究は存在していませんでした．クモの糸に着目した研究はたくさんあるのに対し，クモの巣自体に着目した研究はそもそも数が少なく，それらも，なるべく現実のクモの巣の詳細を忠実に反映しようとするものでした．

　さて，このクモの巣の研究も，物理学のトップジャーナルのひとつに投稿して審査を受けました．なかなか，もろ手を挙げて素晴らしい，とレビューアーが評価してくれることはそうあることではありません．これは，のちに高い評価を受けるようになった論文であっても例外ではありません．

　しかし，このクモの巣の論文の場合は別格でした．なんと，この論文のレ

フェリーとなったお二人がともに，シンプル＆エレガントと口を揃えたように同じ表現で絶賛してくれたのです．特に，一人のレフェリーは，実際のクモの巣のとおりにクモの巣を計算機の中に再現して詳しく計算して調べてみた先行研究と比較して，はるかにシンプルで明確な結果を得ていると評価してくれたのです．私は，シンプル＆エレガントこそが印象派物理学を象徴する言葉と思っていますので，この言葉は本当に嬉しかったです．先にも述べましたが，こうした研究者からの賛辞は，研究意欲をかきたてる一つの大きな要因になります．

　この研究では，シンプルなスケーリング法則が明らかになったわけではありません．しかし，極端にシンプルなモデルを考えて，そこできちんと計算することで明確なメッセージを出すことに成功したわけです．それに対して，過去に他の研究グループで行われた詳細を忠実に反映した計算では，細部にこだわりすぎて，本質的な理解ができずに終わっていたのです．いわば，この研究は，「身近な泥臭い現象に対して，ある種の極限操作をしてシンプルな結果を生み出した」という点において，印象派物理学の格好の研究例なのです．

第8章

物理学者の世界

8.1 物理学者の美意識の系譜：大学の物理へのいざない

高校物理を勉強するヒント：公式はその都度導くもの

　高校生で物理が好きになった理由としてしばしば耳にするのは，勉強するにつれ，物理という科目が非常に少ない事項をきちんと理解していれば，暗記する必要がほとんどないと気がついたから，というものです．どういうことか説明しましょう．

　まず，高校の物理ではニュートン力学あるいは古典力学の初歩を学びます．これで，目の前の現象が数式を用いて表せることを知ります．これ自体でわくわくした記憶がある人はかなり物理の素質があります．ちょっと進んだ高校生は，さらに一歩踏み出し，高校で習う微分積分の知識を使うと，ニュートンの方程式さえ覚えておけば，「公式」とされて参考書にのっている力学の式はすべてたちどころに導出できることを知ります．ほとんど何も覚えなくていいことに気づくのです．

　微分積分を使わなくても，きちんと物理を理解していれば，「公式」とされて参考書にのっている式はほとんど自分ですぐに導くことができます．たとえば，高校の選択物理で学習する気体の分子運動論，高校の物理基礎で学習するドップラー効果など，苦労して丸暗記する人もいるかもしれませんが，きち

んと理解していれば覚える必要はありません.

　これらの導出法は教科書にちゃんと書いてあるものの，それを使って問題を解くことに目がいってしまい物理の面白さを見逃している高校生が多いと思います．ぜひ，高校の先生は，急がば回れで，生徒に，この導出法の部分を自分で追体験を何度も繰り返しさせてあげてほしいです．そうしているうちにこのプロセスが楽しいと感じられる生徒も出てくると思います.

　また，自分で再導出がしっかりできるようになればそれを正しく使うことは比較的簡単なはずで，こうしたやり方をすると，自然に，応用問題にもより強くなります．物理の公式というのは本当に意味を理解していないとすぐ間違った使い方をしてしまうので，結局は，根本をしっかり理解することが早道なのです.

　大学の物理学の教授たちも，最近使っていない「公式」は，高校の物理の教科書に載っているものでも忘れてしまっているのが普通です．必要とあれば，すぐに導けばいいから覚える必要はないのだし，こまかいことはすぐ忘れてしまってよいのです.

　さらに高校の物理では，電磁気学の初歩を習います．進んだ高校生は，この単元で出てくるいろいろな公式が，実は，「マクスウェルの方程式」というのからすべて出てくることを聞きかじるでしょう．さすがに，マクスウェルの方程式を理解することは，高校数学では不可能なので，これにあこがれつつ大学の物理学科に入学する人も多いでしょう.

　このようにして，物理が好きな高校生は，少数の式からいろいろなことが説明できることにあこがれを持っていくことが多いと思います．物理の研究をしている人たちは，さまざまな現象がたったひとつの数式で表せてしまったりするとうれしくなったり，また，それを神秘的で美しいと感じる人たちなのです.

理系研究者への道：大学後の進路

　ここで，将来研究者を目指して，大学卒業後も研究を続ける場合の進路について説明しておきましょう．大学入学後4年間で学部を卒業した後，標準的に

は5年間大学院で研究を続け，博士号を取得することが普通です．なお，多くの大学では，5年間の博士課程は2年間の前期課程と3年間の後期課程に分かれ，前期課程を修士課程，後期課程を（後期）博士課程と呼びます．

　理系では，修士課程のみを修了して会社の技術職や研究職に就く人が大多数です．一昔前までは，理系は修士卒が一番就職がよく，後期博士課程まで進学すると企業に就職するには不利になる，というのが一般的でした．ところが，ここ数年で，状況はまったく変化してきており，（後期）博士課程卒だから就職で不利になることはなくなってきています．最近では，修士のあと3年間の（後期）博士課程を修了してから企業への就職を目指す人も増えてきています．この場合，修士課程終了後に会社に入った場合よりも，会社で本格的な研究を続けられる可能性が格段に高くなります．

　修士課程卒で企業でも本格的に研究ができる職に就くことは条件が重なった場合に限られます．ですから，大学での研究が好きだと感じた人は，将来は会社に就職しようと考えていても，ぜひ，（後期）博士課程も視野に入れて進学を決めてください．厳しい競争はありますが，給料をもらいながら後期博士課程に進学できる制度もあります．私の研究室では，（後期）博士課程に進学した学生のほとんどがこの制度を利用しています．

古典力学の世界

　話をもとに戻し，中学や高校で学ぶ物理学について違った角度から概観してみましょう．

　ニュートンの運動方程式 $f = ma$ という式は，力 f は質量 m と加速度 a をかけたものに等しいという式です．この式を自在に使いこなすのは難しいものの，この式がとても複雑な形をしていると感じる人はいないでしょう．右辺にある質量，加速度という概念は，左辺にある力という概念に比べて難しい概念かもしれません．しかし，その概念を認めれば，式自体はシンプルですね．小学校の算数にも出てくる比例関係です．しかし，驚くべきことに，日常目にするあらゆるものの動きがこの式に従っているのです．たとえば，印象派画家たちが見事に描き出した水面の輝きさえも基本的にはこの方程式で記述でき

るのです．

　中学・高校の物理では，電気や磁気の性質についても学びます．電磁気学とよばれる単元です．荷電粒子の間に働くクーロンの法則，電気が通った銅線のまわりにどのくらいの強さの磁界がどのような向きにできるかを支配するアンペールの法則などです．これらの式はすぐには思い起こせないかもしれませんが，式自体はそんなに複雑な形をしているわけではありません．そこには電荷や電流といった必ずしも簡単でない概念が登場します．しかし，それを認めてしまえば，中学までの数学で理解できる簡単な関係式として書けるのです．ただ，それを自在に使いこなすのはまた別問題です．

　電気や磁気では，力学より多くの公式を覚えさせられたという印象を持っている人もいるかもしれません．ところが，すでに少しふれたとおり，理工系の大学 1，2 年生では，これらの式はマクスウェルの方程式という一組の式にまとめ上げられることを学びます．さまざまな公式は実はこのように基本的な法則からすべて導けるものなのです．さらに，相対性理論をかじると，マクスウェルの方程式はたった二つの式に書き表されてしまうことも知ることになります．

　電気や磁気によってどのような力が働くかということはこれらの式で決まります．それが，その力によってどのような運動が起こるかということになると，ニュートンの運動方程式が必要になります．他にも，重力による力，摩擦による力，などを習いますが，これらによって f の中身が決まって，後は，ニュートンの運動方程式を解きましょう，ということになるのです．毛管上昇のときにも，表面張力による力，粘性による力（これは一種の摩擦による力です），重力による力を考えたことを思い起こしましょう．

　このように，ニュートンの運動方程式 $f = ma$ は，非常に多くの現象に適用できるのです．物理学者は，このように非常に多くの現象に適用できることを「普遍性」という言葉で表現しますが，これは物理学者の大好きな言葉の一つです．

　以上をまとめると，以下のようになります．

（1）　物理学には，力，質量，加速度，電荷，電流といったさまざまな物理量が登場し，その概念は必ずしも簡単ではない．

図 8.1 古典物理学の概要．古典物理学における運動の法則を記述するのがニュートンの運動
方程式である．この方程式は，質量と加速度の積が力に等しいというとてもシンプルな式であ
る．この力の中身は重力による力であったり，摩擦力であったり，電気や磁気による力であっ
たりする．

(2)　ひとたびそれを認めれば，それらの関係式はかなり簡単なとても少
　　数の式で表される．

(3)　しかし，それを自在に使いこなすのはそれほど簡単ではない．

まとめとして，図 8.1 もご覧ください．

けれども，よく考えてみると，この世の中がそんな簡単な関係式で理解でき
てしまうのは驚くべきことではないでしょうか？　現在の教育では，(3) の
「使いこなす」ことばかり強調されて (2) の面白さに気づきにくくなってし
まっているのではないでしょうか？　幸いにして，(2) の神秘に思いをはせる
ことができた人には，物理学の式が「美しい」と感じられるのです．たった一
つの式で多くの現象が理解できることを知れば，自然界に内在する「普遍性」
を感じることができるはずです．このような美意識が物理学の発展の原動力
になってきたことに異議を挟む物理学者はいないでしょう．

ミクロへの道：ニュートン力学から量子力学へ

　前小節では，ほぼ中学高校の物理学に限って話をしましたが，もう少し進んだ話もしましょう．

　現代においてはコンピュータや携帯電話などの電子機器が日常生活に浸透しています．その内部での物理を支配するのはニュートンの運動方程式ではなくシュレディンガー方程式と呼ばれる式になります（あるいは，これをもう少し抽象化したハイゼンベルグ方程式といっても構いません）．ミクロの世界ではこの量子力学の基本方程式が成立します．しかしこの式は，ニュートン力学と矛盾しているわけではありません．量子力学を日常の大きな世界に適用するとちゃんとニュートンの運動方程式と同じ結果がでてきます（専門的には難しい問題も含んでいます）．

　ニュートンの運動方程式に基づく古典力学では，ある時刻の位置と速度が分かれば，そのあとの速度は一意に予言できます．これを理論が決定論的であるといいます．一方，量子力学では，物質の位置と速度（運動量）を同時に正確に予言することはできず，両者の確率分布だけを予言できることになり，確率論的であるといわれます．この点が，古典力学と量子力学で大きく異なっています．

　シュレディンガー方程式は，物質の存在確率を記述する波動関数がどのように時間変化するかを表した式になります．これに付随して「物質の粒子性と波動性」という問題も出てきて，古典力学に現れた，質量や加速度とは比べ物にならないとても難しい概念がでてきます．しかし，その存在さえ認めれば，式自体は意外にもシンプルな形をしています（図 8.2 参照）．ただし，この式を自在に使いこなすのはさらに難しくなります．フックの法則にしたがうバネの振動の問題でさえ，大変込み入った数学が必要になります．

光速への道：相対性理論

　ここで，物理学者の美意識の形成に大きな役割を果たしている相対性理論についてもふれておきましょう．量子力学が多くの研究者たちの実験的・理論的

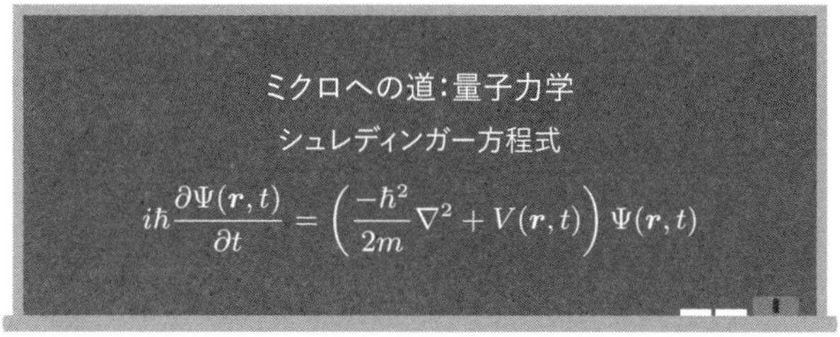

ミクロへの道：量子力学

シュレディンガー方程式

$$i\hbar\frac{\partial\Psi(\boldsymbol{r},t)}{\partial t}=\left(\frac{-\hbar^2}{2m}\nabla^2+V(\boldsymbol{r},t)\right)\Psi(\boldsymbol{r},t)$$

図 8.2　量子力学の概要.「波動関数」が従うシュレディンガー方程式が基本式である. ちょっと手ごわい数式かもしれないが実は比例関係に近いシンプルな式（線形方程式）である. もう少し抽象化した方が便利なこともあり, その場合には, この式はハイゼンベルグ方程式に置き換えられる. どちらの場合も, 式そのものはシンプルだが, それを個々の事例で解くことは数学的には非常に込み入ったことになる.

貢献によって形成されたのに対し, 相対性理論はアインシュタインという一人の研究者が思考実験をもとに頭の中で作ってしまいました. なお, どちらも20 世紀の初めのころにできていったことは大変に興味深いことです.

　まず, アインシュタインは, 特殊相対性理論という重力が弱くて一定の場合に成立する理論を作りました. ここで重力が弱くて変化しない, という意味を理解するために, 重力加速度 g について考えましょう. この値は $g = 9.8\ \mathrm{m/s^2}$ であり, 質量 m の物体に働く重力による力を表す式 mg にもでてきます（この法則も比例関係だけを使って書けるとてもシンプルなものであることに注意）. この重力加速度 g も原理的には場所や時間によって変化しますが, まずは, その変化が無視できる状況での理論を作ったのです.

　この理論は, 基本的に, 物体の運動速度が光速に近いときに必要になってくる理論です. 光の速度が非常に速いことはご存知のことと思います. この理論はそのような状況でなければ必要がありません. この理論もまた, 量子力学と同様に, ニュートン力学と矛盾していません. つまり, 運動速度が光の速度に近い場合の特殊相対性理論をそうでない場合に適用すると, ニュートンの運動方程式が自動的に出てくるのです. この理論を学ぶと, 光の速度が一定であるという指導原理に基づいた思考実験によって, 空間と時間がある意味で同等のものであることが導き出され（空間と時間の統一）, 質量がエネルギーの一形態であることに驚くでしょう.

　なお, 特殊相対論のクライマックスともいえる「質量がエネルギーの一形態

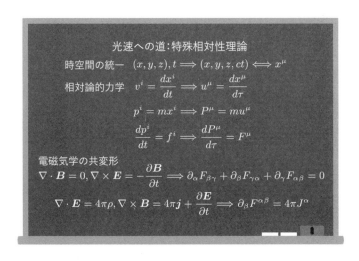

図 8.3　特殊相対性理論の概念図. 相対論では時間（一変数）と空間（三変数）がセットになっ
た四つの変数の組として扱うことになる（時空の統一）. なお, 相対性理論では電磁気学はたっ
た二つの式で表されてしまう. 物理学者はこれをエレガントと感じる.

である」ということを表した式 $E = mc^2$ については, この本のはじめで取り
上げました（11 ページ）. この式もその解釈はさておき, 式としてはとてもシ
ンプルですね. また, 前に述べたように, この理論体系においてはマクスウェ
ルの方程式という一組の方程式が, たった二つのシンプルな式に書き表されて
しまいます（ちなみにマクスウェルの方程式はもともと光速が速いという状況
でも成立するようにできていて相対論による本質的な修正は受けません）.

　図 8.3 に特殊相対性理論の概念図を掲げました. この章では, このように板
書で数式を示しますが, これらは, シンボルあるいは絵画の一種と思っていた
だければ十分です.

　さらに, アインシュタインは, 重力が時空間のひずみであることを見抜き,
重力が強く時空間によって変化する状況を考えました. そして, それをシンプ
ルな式に書き下し, 一般相対性理論が構築されたのです. この理論は, 宇宙を
論じる際に不可欠な理論であると同時に, 現在のカーナビやスマートフォンに
なくてはならない GPS の根底を支えている理論です. 図 8.4 に一般相対性理
論の概念図を掲げました.

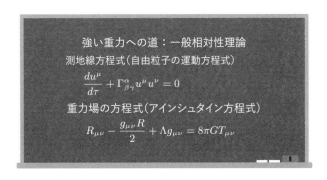

図 8.4　一般相対性理論の概念図．これらの式も少なくとも見かけはそれほど複雑な式ではなく「エレガント」な式である．

ミクロ＋光速，高エネルギーへの道：量子場の理論と素粒子物理学

　いままで見てきたように，ミクロな極限を考えることにより量子力学が必要になり，光速に近い現象を考えるために（特殊）相対論が必要になりました．波動関数の導入，物質の粒子性と波動性，時空の統一といった概念的に大きな飛躍がありましたが，しかし，それを記述する式は，依然，非常にシンプルで美しいことも見てきました．数学的には高度になっていき，簡単な例題を解くのすら大変な作業にはなりますが，理論の基本式はどれも驚くほどシンプルなのです．

　ミクロな極限理論，光速に近い極限理論ができたので，その次に発展したのはミクロで光速に近い現象を記述する理論です．歴史的には，初期の量子力学と相対論の発展が一段落して，相対論的量子力学，電磁気の量子論（量子電磁力学，QED) が構築されて，さらに，素粒子の標準理論が形成されていきます．この過程は，「対称性」や「ゲージ不変性」といったキーワードで，ある意味，数学的な美しさをよりどころとして理論が発展していった側面があります．私は，大学院生のときに，そんな数学的な美しさに興奮し，素粒子物理学の研究の道へと入っていきました．

　このように発展した素粒子の理論は，ものすごいスピードでミクロな粒子をぶつけたときにどのように分裂・散乱するかという状況を記述できる理論です．これは小さな粒子が非常に高いエネルギーを持った場合に必要になる理

論です．このような場合は，粒子が対になって何もないところ（真空）から生成したり，消滅してしまったりすることも考える必要がでてきます．このことを記述するためには，（特殊）相対性理論と量子力学を組み合わせて，相対論的な「場の理論」という理論体系が必要になります．現代の素粒子物理学は，この体系の上に成り立っています．

このように物理学はある意味，いわゆる日常の世界からは遠く離れたところで，ミクロな世界を扱う量子力学が構築され，光速に近い現象を扱う相対論が構築され，それらをもとに小さな粒子の生成・消滅を扱う高エネルギー物理学（素粒子理論）が発展していきました．そして，その過程において数学的な美しさは，研究者の大きな拠り所でした．言い換えれば，それぞれの段階の理論の基本式が複雑な式になっていたら，このようなまるで奇跡のような発展はなかったと思います．

このような奇跡の連続を目の当たりにして，研究者たちは，究極的にエネルギーが高い場合にはもっとシンプルな理論で記述できるのではという期待を持っています．自然界には，電磁気力と原子核のレベルで働く2種類の力（強い力と弱い力）と重力が知られていて，現在までに電磁気力と弱い力は統一されていて（高いエネルギーではこれらの力が同じ理論体系で記述できるようになっていることを統一といっています），これをワインバーグ–サラム理論（電弱統一理論）といいます．この統一理論ともう一種の原子核レベルの力（強い力）の理論（量子色力学ともいいます）の2つを組み合わせたのが現在の素粒子の標準理論になります．

しかし，研究者たちは，この4つの力（電磁気力，強い力，弱い力，重力）すべてを統一的な理論で記述できるのではないかという期待があるのです．それには，電弱統一理論と量子色力学を統一しなくてはならないし，重力の量子論を作ることも必要です．後者のために弦理論が有望視されています．この理論では，弦のさまざまな振動状態が，現在知られている個々の素粒子に相当するのではないかと考えています．以上の説明を図8.5に概念図として与えます．

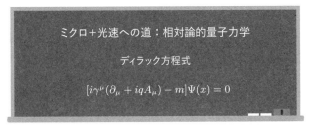

図 8.5　素粒子理論の概念図.「対称性」と「ゲージ不変性」というキーワードに象徴される数学的な美しさがヒントになってこれらの多くの発展がなされてきている.

多数への道：統計物理学

　ここまでミクロ，高速，ミクロ＋高速，高エネルギーという極限状態を求めて物理学が発展してきたことを述べました．しかし，現代物理学にはまだ忘れてはならない2つの分野があります．それは，互いに密接に関係した分野である統計物理学（あるいは統計力学）と物性物理学の分野です．現代的にはこれらも素粒子論と密接な関係がありますが，「極限を求める」方向性としては，日常から離れることを必要としない点で，少し異なった形で発展してきました．

　ここで再び中学と高校の物理を振り返ってみます．中学では，物質には気体，固体，液体の状態があることを学びます．そして，同じ物質が，温度や圧力によって気体，固体，液体のように見た目に違った状態を取ることを学習します．これらはそれぞれ気相，固相，液相とも呼ばれ，これらの状態は相状態が異なると表現します．これらの状態は，たとえば氷が水になったり水蒸気になったり人間が日常的に接している，あるいは，人間の目で実感できる現象

です.

　このような現象を，マクロ（巨視的）な現象といいます．一方，氷も水も水蒸気も，同じ水分子からできていることはご存じでしょう．このような見方をミクロ（微視的）な見方といいます．このような，ミクロな分子集団から，どのようにして，人間の目で見てわかるマクロな変化が生じるのでしょうか？すでにふれたように，このようなマクロな変化は相転移，ある場合には，臨界現象とも呼ばれます．これは，統計力学の中心課題です．

　このような統計物理学の最大のポイントは，莫大な数の粒子の集合体に着目することです．人間の目で見ている領域には分子レベルでは莫大な数の分子が含まれているのです．この莫大な数の単位としてよく使われるのがアボガドロ数という数であり，10のあとにゼロが23個も並ぶ数です．これは，人間の日常感覚からすれば文字通り莫大な数です.

　最近ではビッグデータという言葉も登場しましたが，莫大なデータを確率論的な考えを用いて扱う学問が統計学です．統計物理学も，この莫大な数に着目して確率論的に構成されますので「統計」という言葉が入っています．この場合は，数が大きい極限を扱うのです．この極限操作により，確率分布関数の単純化が起こり，多数の場合に固有なシンプルな確率分布が現れます．さらに，相転移現象，特に，臨界現象にはすでに述べたように臨界点近傍に近づくと，ある意味の単純化が起こり，いろいろな差が消失し，その結果，深遠な「普遍性」が現れます．ちなみに，ここで例を挙げたような日常的に我々がふれる相転移の理解は本質的には量子力学を必要としていません．巨視的な変数に着目するのでミクロ性（量子性）が覆い隠されてしまっているのです（絶対温度がゼロにおいて磁場や圧力を変化させることで，量子性が本質的な役割を果す相転移が起こることも分かってきています）.

　統計力学自体は，相転移現象のためだけにあるのではありません．実際の物質のマクロな性質の記述にも必要になります．たとえば，いわゆる物性理論の中心的課題である固体電子論は，超電導，磁性，そして半導体などの現代の日常生活の根幹を支える科学技術の基礎となる現象の物理原理を理解するために必要となります．このような場合，電子レベルでのミクロな現象がマクロな性質として現れてきます．このときには，量子理論と統計理論の両方が必要に

図 8.6　統計物理学の概要．古典統計力学とそれに基づいた繰り込み群理論は，ある種の相転移（臨界現象）の普遍性を明らかにしてきた．統計力学の量子版である量子統計理論は現代の科学技術に欠くことのできない超電導，磁性，金属，半導体の性質などを明らかにしてきた．

なります．ですから，現代的な固体電子論はいわゆる量子統計物理学に立脚していて，その枠組みは素粒子の理論である量子場の理論の技術も取り入れて発展してきています．

美しさを求めた極限への道としての物理学の発展

　このように現代物理学の歴史は，美しさを求めて「日常」からどんどん離れていきました（ただし，マクロな現象を扱う古典統計力学は例外です）．この様子を次ページの図 8.7 にまとめました．そして，人類の過去の常識からは受け入れがたい「光の粒子性」，「時間や長さの相対性」などの事実も明らかになって，哲学にも影響を与えてきました．

　これまでに現代物理学を概観することで，物理学者に特有の美意識が，物理学の発展を支えてきたことを説明しました．別の言い方をすれば，物理学の発展の歴史は，美しさを求めたさまざまな「極限操作の歴史」だったと見ることができると思います．

新たな極限への道としての印象派物理学：日常への回帰

　印象派物理学については，すでに，写実主義との対比で歴史の中に位置づけてみました．ここでは，これまでに述べてきた，極限への道の流れのなかに印象派物理学を位置づけてみましょう．

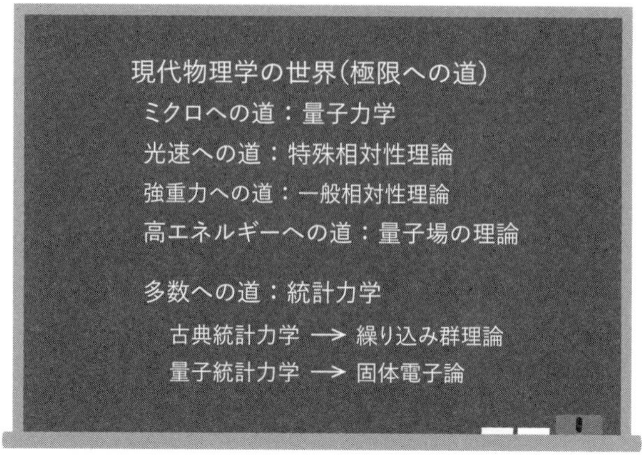

図 8.7　極限状況を扱う学問として日常からかけ離れていった現代物理学．特に，量子力学，相対性理論から素粒子理論に至る流れでは，日常との接点がどんどん失われていった．それにつれて，理論を実験で確かめるためには極限状況を作り出すことが必要になってしまった．つまり，理論の実験的検証がますます難しくなってきている．そこで，多数の国が協力して実験が行われる必要もでてくることがある．

　印象派物理学によってシンプルな法則を導き出すためにも，物理の常套手段である極限操作を行います．けれども，そのベクトルが今までの現代物理学とは異なっています．現代物理学は，扱う対象を「日常から離れた」極限状況に追い込みます．するとそこには新たなシンプルな法則が待っていたのです．そして今までの常識を覆す驚くべき概念ももたらしてきました．

　これに対して印象派物理学における極限操作は，「日常」から離れることを必要としません．そして，複雑な日常的マクロな現象に威力を発揮し，日常的な現象にシンプルなスケーリング則がごろごろしていることが分かってきたのです．

　ここで，印象派物理学の極限操作と，それによって，なぜシンプルな結果がでてきたのかおさらいをしておきましょう．これについてさまざまな例を見てきました．切り紙の例では，紙の厚みというパラメータが，非常に小さいということが一つの鍵でした．また，1.2 節で扱った，気体のシートの引きちぎれの問題では，臨界点に近づくにつれて，ネックの幅が非常に小さくなることが鍵でした．

　このように，私たちが日常目にしている現象には，いくつかのパラメータ

（因子）が含まれています．そして，パラメータの間に極限的な関係が成り立つようになると，あるパラメータに依存性がなくなって，少数の重要なパラメータだけが意味を持つようになり，さらに，そのような「現象を支配する重要パラメータ」に関するべき乗則，あるいは，スケーリング則が現れることを見てきました．

つまり，印象派物理学の極限操作は，問題に含まれるパラメーターの極限操作です．これらをある極限にもっていくと関係式が簡単になることが多いのです．このことは，高校数学の極限値の例題を使った説明もしました（59ページ）．進んだ参考知識として，臨界現象に現れる無理数べき，それに関連した異常次元についてもふれました（49ページ）．

忘れられていた古典物理学の復興：ソフトマター物理学

いままでに，「極限への道」という見方で，現代物理を振り返っていって，とりこぼしてしまった重要な物理学の分野があります．それには，液体や気体を扱う流体力学，弾性を持つ固体を扱う弾性論，そして液体的にも弾性的にもふるまう粘弾性体を扱う粘弾性論などがあります．これらの理論は連続体理論とも呼ばれ，本質的には粒子からなっている対象を粒子性を排除して「連続体」としてマクロに見て扱う体系です（連続体については148ページ参照）．ただし，確率論的な考えは用いることがなく，統計物理学とは異なります．

これら連続体力学は，ニュートン力学とともに古典物理学と呼ばれ，量子力学と相対性理論の誕生までは物理学の中心的な課題でした．しかし，連続体力学は，いわゆる現代の物理学の理解には必須ではないため，多くの大学の物理学のカリキュラムでは非常に軽視されています．

一方，ソフトマターを代表する高分子や液晶といった，固体でも液体でもない物質群は，日常生活で利用する場面において，古典的な連続体としての挙動が重要となります．しかし，現代物理学の日常からかけ離れた世界への流れのなかで，このようなより複雑な物質の古典的性質の研究は，物理学において置き去りにされていたのです．

ところが，ドゥジェンヌの先駆的な研究を契機に，高分子や液晶の研究が物

理学者の脚光を浴びることになりました．こうして，ソフトマターの研究が物理学において大きく花開いたのです．この動きは，2000年にソフトマターの専門誌 *European Physical Journal E* がドゥジェンヌを創設者として創刊したのを皮切りに，アメリカ物理学会基幹誌 *Physcal Review E* へのソフトマターセクションの追加，英国王立化学会による *Soft Matter* 誌の創刊などへと続きました．

この大きな流れは，コロイド，濡れ現象，粉粒体へと広がり，流体物理学にも大きく影響を与えつつあります．このような状況を反映して，2016年にはアメリカ物理学会の基幹雑誌 *Physical Review* 誌のシリーズに *Physcal Review Fluids* が創刊され，2017年には *Physcal Review Materials* が創刊されています．

連続体力学のほかに取りこぼした分野には，熱力学もあります．これは，物質をマクロに見たときの量，圧力，体積，温度などの物理量にある関係を扱います．高校物理の範囲で言えば，理想気体の状態方程式がその典型です．

これにミクロに立ち入って，構成要素が大きいという極限を利用することで簡単化する確率的な見方をするのが統計力学です．必然的に，熱力学と統計力学は深い関係を持ちます．統計力学は，古典力学に基づいて構成することも量子力学をもとに構成することもできます．前者は古典統計力学，後者は量子統計力学と呼ばれます．

すでにふれたように，量子統計力学はミクロな世界を記述するので日常から離れていきますが，古典統計力学は，日常から離れることを必要としません．ですので，古典統計力学は，熱力学とともにソフトマター物理学でも大活躍をします．

8.2　芸術・文化としての物理学

現代物理学の歴史を概観する中で，物理学者の独特の美意識を紹介しました．そして，その美の追求の結果として物理学の発展があったことを述べました．ですから，私は物理学は芸術の一形態であると考えています（物理学が芸

術の一形態であることは，ドゥジェンヌも，例のケンブリッジ大学の講演をまとめた小さな本の中で明確に語っています（53 ページ参照）．歴史的な観点のみでなく，他の観点からも，物理学は他の芸術といくつかの点を共有しています．この説明として，私が 10 年近く前に啓蒙書を書こうと思って，まえがきとして書いたまま，日の目を見なかった文章を紹介します．

「クリスマスの夜，私は子どもたちの出演するピアノ教室の発表会を聴きながら，こんなことを考えていた．子どもたちは時として苦しみながらも，ひとつの曲を練習してきた．そして，いま美しい音色を奏でることに，緊張しつつも喜びを感じている．家族は，ひとつのことを成し遂げつつある子どもたちとそしてその結果として流れてくる美しい音色に感動を覚える．近しい人たちで，音楽を芸術として楽しみ，かけがえのない時を過ごしているのだ！

実は，物理学の研究もこれと非常によく似た至福の喜びを与えてくれるものなのである．我々研究者は日々共同研究者たちと一喜一憂のドラマを繰り返しながら自然にひそむ美しい法則を見つけ出す喜びを感じている．そして苦労して辿り着いた美しい結果は，国際会議等で発表し，出席者に感動を与える（必ずしも感動を与えられないのはピアノ発表会と同じである）．たとえ自分の発表が思うようにいかなくても，他人の構築した美しく洗練されたストーリーは，尊敬の念とともに深い感動を与えてくれる！

一方，音楽や絵画などの芸術と，物理学などの「基礎科学」という「芸術」には大きな違いがあるのも事実である．前者は全く予備知識を持たなくてもなかば本能によってかなり楽しめるが，後者は高度な予備知識をもったものだけが楽しめる，というのが常識である．しかし，ピアノの心地よい音色に身をゆだねながら私はひとつの決心をした．この常識を一冊の本で覆してみよう！」

本書で，常識を覆せたのかどうかは読者のご判断にお任せするとして，音楽という芸術と物理という芸術の類似点を感じていただけたと思います．ここにみられる一つの共通点は，その活動を行う原動力，あるいは，理由が，好きである，楽しいから，という点でしょう．この点については，また後でふれることにします．

8.3 現代物理学の社会的インパクト

　これまでに述べてきた物理学の歴史を違った角度からまとめてみましょう．考えてみれば，中学や高校の物理で扱う物理現象というのはつねに理想化されています．教科書で扱う物体は重さ（質量）があるのに，大きさは考えないとか，糸や滑車が出てきても，その重さや太さは考えない，とか，滑らかで摩擦は無視できるものとする，とか．

　よく考えるととても非現実的のように見えます．でも，そうやって「詳細を無視して」考えると問題がきちんと解けて，そのうえ，まずまず現実とよく合う結果が得られます．この種の単純化は，「大きさが無限小の極限」，「質量が軽い極限」，「太さが細い極限」，「摩擦がゼロに近い極限」という極限操作をしているのです．

　このように，「極限操作をして，理想化して，問題をきちんと解く」ということは物理学者が昔から好んで行ってきたことです．現代物理学は，このような「極限的状況」で問題を「綺麗」にして発展してきたともいえることは，すでに見てきたとおりです．

　ここで，「綺麗」という言葉に違和感を感じるかもしれません．実は，物理学者は独特の美的なセンスを持っているのです．これまで述べてきたように，物理学者は，多くの見かけの異なるものが，すべて一つの式から説明できたりしてしまうことに無上の喜びを感じるのです．自然界に内在する普遍性を信じ，その帰結を美しいといってはばからないのです．そして，この「美の追及」の結果として現代物理学の発展があったといっても過言ではないのです．

　このように物理学者が極限操作で問題を綺麗にし，美を追求してきた例として，アインシュタインの（特殊）相対性理論を説明しました．これは，物体の運動速度が光速に近い場合に必要になってくる理論でした．もちろん，光速は日常の感覚からいえばとてつもなく速いはやさです．このような日常から離れた極限状態での理論が作られたのです．

　2013年のノーベル物理学賞は，新聞で話題になったヒッグス粒子の発見に対してでした．これは，素粒子物理学の標準理論の実験的検証に必要な粒子です．この理論は，非常に小さく速いスピードで動いている粒子を記述します．

つまり，この理論も日常から離れた極限状態で必要になってくるものです．ですから，その検証のためには，ものすごく大がかりな実験が必要になります．そこで，いくつもの国が協力して実験設備を建設し，国際研究チームを組んで研究を行っているのです．

このように見てくると，物理学者の「日常的」な関心は一般の人の「非日常」にあり，そのような浮世離れした世界で「綺麗」なもの「美しい」ものを求めているように思えます．それでは，物理学者のそうした「芸術活動」の結果は，一般の人にはまったく関係のないことなのでしょうか？　答えは，その正反対です．現代の文明化社会は，こうした「浮世離れした」世界の人たちからの贈り物で成り立っているのです．「浮世離れした」世界の人たちは，そんな発展を予測だにしなかったにもかかわらずにです．

たとえば，携帯電話，コンピュータ，テレビ，インターネット．これらは現代人の生活になくてはならないものです．そして，これらの基礎を支えるのは物理学の理論なのです．これらに共通して使われているものは，電子回路です．そして，この電子回路には半導体が使われています．そして，この半導体の中での電子の動きを制御することができなければ，これら現代人の必須アイテムはこの世に存在しえなかったのです．そして，それを可能にしているのが固体電子論という物理の理論です（物性物理に含められる）．そして，この理論は，「小さなスケールの極限」，「多数の電子の極限」，という二つの極限状態を求めた結果発展した理論でした．さらに付け加えると，固体電子論は，もともと素粒子の理論であった量子場の理論の影響を強く受けて発展してきました．このように，素粒子理論の発展も間接的にではあるものの科学技術を強力にサポートしてきているのです．

もう一つ例を挙げましょう．それは，スマートフォンの地図アプリや自動車のナビゲーションシステムです．これらのシステムの基礎を支えている GPS の技術を支えているのは，一般相対性理論です．この理論は，アインシュタインが思考実験とある種の合理性の追求によって一人で作り上げてしまったもので，「光速に近い極限」，「重力が強い極限」で必要となります．しかし，地上できわめて高精度に位置情報を確定しようとすると，「重力が強い極限」でない地上でも「重力が強い極限」で必要な理論の影響をわずかに受けているこ

とが決定的になります．このことからGPSの技術を一般相対性理論が支えています．

このように「浮世離れ」した物理学者たちの「芸術活動」は華々しく，そして，必要不可欠なものとして，一般の人に利用されています．しかし，物理学者がどんどん一般の人の「日常」から離れてしまって「いた」ことは事実です．その結果，たとえば，高校生のときに物理が大好きで，大学に進学した優秀な学生たちの多くは，大学へ入って，物理を学び出すと多くの場合，違和感を感じることになります．つまり，自分たちの勉強しているものが，日常から離れた自分の想像のつかない世界であるため，その数学的な難しさも相まって，現実の世界との接点がよくわからなくなってしまうのです．

この点，ソフトマター物理学は，高校生で学んだ物理の延長線上にあり，とっつきやすい分野であるといえます．さらに，液晶ディスプレイや，身の回りのプラスティック製品を思い浮かべればすぐにわかるように，ソフトマターは現代人の科学技術に支えられた生活になくてはならない物質たちです．

8.4　私がたどった印象派物理への道

ここで私がどのようにして物理学者になり印象派物理学にたどり着いたのかをお話ししましょう．

●天文少年だった小・中・高時代

私は，小学校高学年の頃から，星というより，望遠鏡に興味を持ち，天体写真を撮ることにも興味を持ちました．そして，星の動きを追いかけて長時間の露光時間を確保して暗い星を含むたくさんの星を点状に移す「ガイド撮影」をする「赤道儀」という装置の自作を始めました．アルミ板や金属パイプを買い込み，ドリルや金切りのこぎり，ヤスリなどを使って金属加工を行って赤道儀を作りました．

特に，当時「ポータブル赤道儀」と称されていた，星のきれいな山などに持っていけるように軽量化をはかったものを自作しました．当時は，『天文ガイド』という雑誌に「私の愛機」コーナーがあって，このコーナーに投稿して

私の自作愛機の記事が掲載されたりもしました。同じく、小学生の頃、ある高校が定期的に主催していた天文講座でイケヤ・セキ彗星の発見者である池谷薫氏から手ほどきを受け、反射望遠鏡の鏡の研磨も始めました。

中学進学を考えるころには、中高の学園祭で天文部を見て回りました。ちょうどその頃、皆既月食が起こり『天文ガイド』が特集号を組みました。私は、その特集号で、見開きページのトップを飾った月食の写真を撮った先輩がいる中高に強くあこがれました。そこで、キャッチャーをしていた硬式野球チーム（リトルリーグ）をやめ、にわかに勉強を始め、なんとか入学にこぎつけ、希望通りに天文気象部に入りました。

中学では、ポータブル赤道儀で星を自動で追尾できるように、IC を使った電子工作を行い、駆動装置も作ったりしました。これも『天文ガイド』の「私の愛機」で発表しました。中学 2 年では、天体写真を撮るために 5 月の連休に星好きのオーナーがいるという北八ヶ岳の高見石小屋に先輩に連れられて、5 月にもかかわらず雪が多く残る道を重い荷物を背負って登り、一晩中、外で星の写真を撮ったりしました。以来、この小屋には、毎年のように登り、冬季にも後輩たちを連れて、遭難しかけたこともありました。こんなことをしていたので、高校生の頃には、「極めつけ天文少年」として新聞に大きく紹介されたりもしました（図 8.8（188 ページ））。

大学生になったころ、高見石小屋のオーナーから頼まれ、この小屋の備え付けの望遠鏡を作りました。鏡の直径は 35 cm で、手で研磨するには限界に近いほど大きいものです。1 か月以上かけて、この鏡を仕上げ、さらに、見てくれは悪いけれども初心者でも使いやすいドブソニアン式という架台にのせて、山小屋に持ち込みました。当日、運良く、晴天に恵まれ、自分の作った望遠鏡を通してオリオン大星雲を見たときの感動は今でも覚えています。小屋にいた人たちにも見せて、感動してもらって、苦労して作った甲斐があったとつくづく思ったものです。

この望遠鏡は、なんと 30 年以上たった今も健在で、高見石小屋の名物になっています。そして、小屋オーナーの原田茂氏との長年の交流を描いたミニドキュメンタリーは、2014 年 8 月 4 日に NHK BS プレミアム「日本百名山スペシャル」にて放映されました。

図 8.8 「極め付き天文少年」とされる私の望遠鏡づくりに関する記事（読売新聞，1984 年 9 月 21 日付）.

●物理学の美しさに魅了された学生時代

　私は，大学で物理を学びだすとその理論体系自体の数学的な面白さ，美しさに心を奪われ，現代物理学が取り扱う現実から離れた世界に興味を持つことになりました．その結果，大学院では素粒子の理論の研究を志しました．実際，素粒子物理学では，実験的な検証がとても難しくなってきているので，ある程度，「現実の世界はさておき」とある程度割り切っていないと，やってゆけません．なぜなら，自分の作った理論が現実の世界に対応しているかどうかが，自分の生きている間に判明するかどうか，それは自分の力ではどうにもならない状況にあるからです．ヒッグス氏がヒッグス粒子が発見されたときに「自分が生きている間に発見されるとは思っていなかった」という趣旨の発言をしていました．まさに，素粒子物理学の世界では，予言を実験的に検証するのがそれほど難しくなってきているのです.

　そんな状況で研究をし始めた私は，いつしか，次のようなことを信じるようになっていました.

　　「物理学は日常から離れた世界」でこそ華々しく威力を発揮する．しか

し，一方，身のまわりにある現象や，日常生活で親しみのある現象，あるいは，さまざまな工業製品を開発する際に実際問題として生じてくる厄介な現象，などの，物理学者にしてみれば「泥臭い」現象には物理学は無力なのだ，

と．

ところがです．私が印象派物理学に出会ってから，「泥臭い」問題の数々から驚くほどシンプルで美しい法則が明確な形で発見できることが分かってきたのです．私は，このような物理学の新しい世界を目の当たりにして，その素晴らしい世界に巡り合えたことを本当に幸せに感じています．しかし，このような展開は，本当に偶然の重なりによってもたらされたのです．

●大学院時代のジレンマ：自分は楽しいけど…

私は大学院では，素粒子の理論を中心に研究をしていました．特に，複雑な式を無限個の図形で表すファインマンダイアグラムの手法に熱中していました．なにしろ，ミッキーマウスや団子の串刺しのような絵をたくさん書いてあれこれ考えるため，私が研究に没頭しているところを見てしまった友人には，私が童心に帰って遊んでいるわけではないことを説明しなければならなりませんでした（図8.9参照）．

こうしてあれこれ考えることはたまらなく楽しいことでした．一方で，悲しいことに何を研究しているのかをうまく伝えることはできませんでした．この悲しさは私にとってはとても重いもので，私が，現在，一般の人にも親しみの湧きやすい研究を志向する原動力になっています．ただ，当時の大学院の研

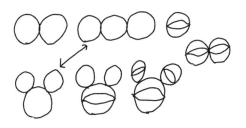

図8.9 ファインマンダイアグラムの例．この絵の一つ一つが数式に対応している．実は，両矢印の両端にある2つのグラフは「同じ」グラフで同じ数式に対応している．

究室には，統計物理学の大家であった久保亮伍先生にちなんだ「久保原理」の大切さが説かれていました．それは，理論家たるもの幅広く興味を持って研究すべきである，という内容で，そんな影響もあって，私は，福田礼次郎先生のもとで，素粒子論だけでなく，素粒子論の手法に基づいた統計物理学の研究も行い，それに必要なお絵かきの方法を発展させていました．

●岡崎での助手時代：自分も人の役に立てる？

その後，1994 年に岡崎の国立研究所に職を得ると，分子分光理論というレーザーを使って分子の様子を調べる新しい分野で研究をはじめました．幸いなことに，当時，この分野は非常に活気づいていました．実際，1999 年に，ズウェル（A. Zewail）がこの分野でノーベル化学賞を受賞しました．このことは当時の勢いを象徴しています．ズウェルは，当時の最新技術によってフェムト秒という非常に短い時間の間だけ光る光源（パルスレーザー）が得られるようになったことを利用して，短い時間間隔で起こる化学反応の過程を逐一観察することに成功したのです．ちなみにフェムト秒とは $1/10^{12}$ 秒です（10^{12} とは，1 のあとにゼロが 12 個並ぶとてつもなく大きな数なので，$1/10^{12}$ はとてつもなく小さな数です）．

そんなアクティブな分野に，異分野から参入した私は，いきなりその分野のことができるわけもなく，必然的に，大学院から研究して発展させてきていた「お絵かき」の手法を使い続けました．しかし，当時，分子科学の分野で，この方法を自在に使って計算できる人は世界に誰もおらず，そのおかげで，当時の名だたる実験グループから注目してもらえる結果を次々に出すことができました．この研究を通して，私ははじめて自分の研究が「人の役に立つ」ということを体験したのです．

それまでは，私にとって研究とは純粋に自分の楽しみであり，そのためだけに行うものでした．ところが，研究しているテクニックはあまり変わらないのに，研究する対象を変えて，ひとひねりするだけで，人の役に立つことを知ったのです．もちろん，この場合の「人」は一般人ではなく，研究者でした．しかし，世界に名だたる研究者たちでした．

●ドゥジェンヌの研究スタイルとの出会い

このような経験から，自分も楽しいと思える範囲内で，人の役に立てる研究というものができれば素晴らしい，となんとなく考えるようになりました．そんななか，当時所属していた分子科学研究所の所長の伊藤光男先生にもご尽力いただき，岡崎の研究所に籍を置きながら，半年間にわたり，海外での研究に派遣してもらえる可能性がでてきました．いろいろ模索するうちに私は幸運にも 1991 年にノーベル物理学賞を受賞しているドゥジェンヌ先生の研究室に滞在できることが決まりました．

ところで，彼がノーベル賞を受賞した 1991 年とは，私が大学院生のころでした．当時の私は素粒子物理学にまっしぐらでした．そのため，ドゥジェンヌ先生のノーベル賞受賞に気づいてはいたものの，その内容の偉大さについてはよく理解していませんでした．しかし，その後 10 年余りの後，ドゥジェンヌ先生の『高分子の物理学——スケーリングを中心にして』（吉岡書店）を読み，本当に驚き，そして感動しました．高分子という，高校では化学で習った「泥臭い」対象に対して，シンプルでエレガントな議論が展開されていたのです．そして，シンプルでエレガントな議論は，まさに詳細を無視し，本質的な理解を浮き彫りにしていました．

その後，パリのドゥジェンヌ研究室へ行く前に，ドゥジェンヌ先生に薦められて粉粒体の物理学の教科書を読みました．当時は，まだ，フランス語版しかなく，1 か月間フランス語を独習した後，電子辞書を駆使して，本当に苦労して読みました．1 ページ読むのにたいてい 2 時間ほどかかりました．しかし，自分でも驚くべきことに，私はこの本を「苦行」に耐えて読み切ってしまいました．それほど，面白かったのです．

粉粒体とは，これまた「泥臭い」ものです．砂時計の砂，米粒等のあらゆる粒子状の穀物，ファンデーションなど粉末状の化粧品，これらは皆，粉粒体です．これらは，莫大な量が工業・農業で流通していて，日々厄介な問題を引き起こします．大量に貯蔵された粉粒体は時として大爆発を起こしたり，あるいは，2 種類の粉末状のものをよく混ぜたいと思って混ぜたり振ったりすると逆に 2 種類が 2 層に分かれてしまったりします（ごま塩の入った瓶を良く振るとゴマと塩の 2 層に分かれてしまうことを知っている読者も多いでしょう）．

しかし、こうした物質に対する物理学の理解はまだまだ未熟です。これらの物質は、砂時計の砂を思い起こしてもらえばわかるように、ときとして固体としてふるまい、またあるときは液体としてふるまいます。この意味では、雪崩を起こす雪も粉粒体です。固体や液体については確立された物理の理論があります。一方で、その両方を行き交うような粉粒体の理論はまだ完成していないのです。

上に述べた粉粒体のフランス語の教科書は、このような「泥臭い」粉粒体に対して、詳細を無視した、シンプルでエレガントな議論が展開されていました。人生とは面白いもので、私は、のちにたまたま縁があって、この本を翻訳（共訳）することになり、『粉粒体の物理学——砂と粒と粒子の世界への誘い』（吉岡書店）として出版しています。

●印象派物理学への道：出会い

このように2冊のフランス流印象派の物理学の本を読み切った私は、印象派物理学の虜になっていました。しかし、フランスへ渡って間もなく、はじめてドゥジェンヌ先生と直接に議論したときの衝撃は今でも忘れられません。

本当に次から次へと「スケーリング則」だけを使って、その実際の数値的な大きさも検討しながら、議論していったのです。別の言い方をすると、私はそれまでに、世界中の物理や化学のいろいろな分野の第一線の研究者と議論をしてきた経験がありました。しかし、その日の議論は、それまでの、共同研究上の議論とはまったくかけ離れた異質の議論だったのです。

その後、すぐ私はドゥジェンヌ先生と「真珠層の強靱性」と「ある種のゲルを使った人工筋肉」についての2つのテーマの理論研究を開始し、何とか論文に結実させ帰国しました。帰国後、間もなく、ドゥジェンヌ先生からメールがあり、新しく表面張力の物理学の教科書を書いたので、これを日本語に訳してみないか、という話をいただきました。フランク（率直）に返事が欲しい、とドゥジェンヌ先生らしい言葉が添えられていました。

当時、私は、上述の粉粒体の教科書を訳し終わったすぐ後で、さらに、私は表面張力の「ひ」の字も知らなかったので、大変に悩みましたが、結局、このお話を無謀にも引き受けることにしました。この本は、『表面張力の物理学——

しずく，あわ，みずたま，さざなみの世界』（吉岡書店）として出版され，いくつもの大学の研究室でゼミの教材に使ってもらったり，企業の研究者にも広く愛用されています．

　実際，ある大企業で大活躍している卒業生が私の研究室に立ち寄ってくれたときには，この本が自分のいた研究チームに3冊あってとても役立っていると話をしてくれました．なお，この本の日本語版にはCDがついていてその中には数々の実験のムービーが収められています．このムービーはこの企業の研究チームでも大変に人気で，しょっちゅうCDが持ち帰られてしまって，行方不明になっていたそうです．

　これらのムービーは，教育的にも優れたものが多く，さらに，最先端の実験のムービーはどれも人目を引く驚きのものばかりで，小学生にクリックの仕方だけ教えると1時間くらい面白がって見続けるくらいです．中学・高校の物理の授業でもぜひ使っていただきたい内容です．

　さて，この翻訳のさなか，今度は，ドゥジェンヌ先生のグループに2年ほど滞在して共同研究をしないかという大変ありがたいお話をいただきました．当時，岡崎の研究所から現在のお茶の水女子大学に移ったばかりだった私は，半年間という制限はつきましたが，先輩教授の柴田文明先生の協力を得たことで，このオファーを受けることができました．

　この滞在のときには，私はダビット・ケレ博士と同室となりました．当時，表面張力の翻訳をしていたことがきっかけとなって，彼とその分野の仕事を始めることになりました．それは，超撥水表面でテニスボールのように繰り返し跳ねる水滴の動力学の研究でした．後から聞いた話によると，彼こそが私をドゥジェンヌ先生の招聘准教授として強く推薦してくれた人でした．

●印象派物理学への道：困難

　私は，これらの半年ずつの2回の滞在を通して，ドゥジェンヌ学派のシンプルでエレガントな研究に魅了されて強くあこがれました．と同時に理論研究の限界も感じ始めていました．その理由を説明します．

　当時のコレージュ・ドゥ・フランスのドゥジェンヌグループは，小規模の研究所のようで，4～5つくらいの実験グループがあり，理論グループは一つだ

けでした。これらの実験グループは，私が常識として持っていたイメージとは
大きく異なっていました。彼らは，非常に質素でシンプルな実験装置を用いな
がら，印象派物理によって大胆に構築された理論の助けを借りて明確でエレガ
ントな物理を次々と明らかにしていたのです。このように，私のあこがれた世
界は，本質的には実験が主導し，そこに理論がうまくかみ合って進歩していた
のです。だから，理論に限界を感じると同時に実験もしてみたいとなんとなく
思っていました。

　しかし，現代物理学の研究においては，通常，理論グループと実験グループ
は明確に分かれています。これには，量子力学や相対性理論の発展に伴い，日
常を超えた状況でなければ実験ができなくなり，実験を専門に行わざるをえな
かったという背景があります。さらに，相対性理論がその典型的な例で，純粋
な思考実験によっても現実にあう理論ができてしまったという事実も，理論だ
けを専門にする研究者の出現に拍車をかけたものと思います。

　なお，計算機の発展した現在では，物理の基本式を計算機を使って数値的に
計算するシミュレーション研究も盛んにおこなわれています。ちなみに，シ
ミュレーションは時として理論研究に分類されますが，計算機を使った実験と
もいえます。これに対し，純粋な理論研究では基本的には紙と鉛筆を使って，
数式（文字式）を変形していくことで研究を行います。しかし，現在ではこう
した文字式の変形も計算機で行うことができるようになってきており，理論研
究者はこうしたことのできる数式処理言語を使うこともしばしばです。

　また，現在では，理論研究者も実験研究者もときとして自らシミュレーショ
ン研究をすることで研究の糸口をつかんでいくこともあります。このように，
最近では，シミュレーション研究は，実験グループでも理論グループでも行わ
れます。しかし，純粋な文字式を使うことを主とする理論家たちと実際に実験
をするグループとは明確に分かれているのです。

　ドゥジェンヌ先生自身も実験家と理論家は分けて考えていて，彼が印象派と
たとえたのは，自分のまわりのソフトマターを研究する理論家たちのことで
した。このことは，彼自身の言葉で次のように語られています（既出書 *Soft
Interface* より引用）：

「Thus, I tend to compare our community of soft-matter theorists to the amateur painters of a hundred years ago – spending their Sunday afternoons in the park, and capturing a few simple scenes – involving their friends, their children, and those they love. I see no better style.（だから，私は，ソフトマター理論家たちの仲間を，100年前のアマチュア画家たちにたとえたくなる．彼らは，日曜日の午後，公園で時を過ごし，いくつかのシンプルな情景を描いていた．そしてそのかたわらには，彼らの友人，子供，そして愛する人たちがいた．私には，これ以上のスタイルは想像することができない）」．

なお，この言葉は，私の大好きな言葉で，後でまた取り上げます．

●印象派物理学への道：決断から開眼

このように物理学の研究においては，一般には，実験と理論の分業が進んいます．一方，私は，物理学者としては理論家を志して，大学の教員になり，自分の研究室を理論研究室として構えました．しかし，研究室の学生が増えてきたこともあり，ドゥジェンヌ先生とそのまわりの実験家たちが共同で印象派物理学を進める様子を思い出し，大胆にも，学生さんとともに実験研究をはじめてしまったのです．

当時の私の研究室には，私が理論の研究者として採用されたのだから当然で，実験のための装置は何もなく，また，それを買う研究資金もありませんでした．中学や高校の理科室にあるようなものさえありませんでした．しかし，ドゥジェンヌ研究室で真近に見てきた，質素な環境から明快な物理を明らかにするという美学に影響され，なるべくシンプルな実験を考えました．

まず，少ない予算をやりくりして，なんとか当時は目新しかったハイビジョンのホームビデオを購入しました．そして，学生さんにアクリル工作の仕方を学んでもらって液体を入れる平べったい容器を作ってもらいました．さらに，この容器と注射器等を組み合わせて簡単な装置を作り，その容器の中で，薬局やホームセンターで手に入る液体を使って滴やバブルの観察を始めてもらいました．

実験器具からいえば，小学生でも始められるような実験です．実験を突如始

めるにあたり幸いしたのは，前に述べたように，私が小学生のころから，「極めつけの天文少年」であり，反射望遠鏡の鏡を磨いたり，望遠鏡の駆動装置を自作したり，星の写真を撮るために冬山に登るなどしていた経験があったことです．

これらの実験の「真似事」をはじめたとき，私は正直言って，それらを，フランスのグループが行っているようなエレガントな研究につなげられる自信はまったくありませんでした．しかし，何より素晴らしい学生たちに恵まれました．学生たちは，目の前の面白い現象の虜になり，のめりこんでいってくれました．その過程の中で，私は，フランスでの体験をもとに，「ものになりそうな種」を学生と一緒に救い上げることができるようになり，シンプルな法則が次々に発見できるようになってきました．そして，「泥臭い」問題の中にシンプルな法則はごろごろしている，ことを確信するに至りました．しかも，すでに述べたように，そのシンプルな法則は，異分野や製品開発分野でも指導原理として役に立つ可能性もあるのです．

このようにして，私にとって物理学は，もはや，「日常生活で親しみのある現象，あるいは，さまざまな工業製品を開発する際に実際問題として生じてくる厄介な現象，などの，（物理学者にしてみれば）「泥臭い」現象には無力なもの」ではなくなりました．そして，さらに，そういった「泥臭い」今まで物理学でアプローチしてこなかった無数の問題に対して物理学の無限の可能性を感じています．

ちなみに，私の研究室の学生たちは世界的なレベルで見て本当に高い資質を持っていると思います．私はこれにはそれなりの理由があると思っています．お茶の水女子大学の物理学科は，最近まで，2次試験で英語試験を課していなかったのです（現在は課していますがそれでも配点はかなり低くなっています）．これによって，非常に高い理数系の能力を持ちながら英語がネックになっていわゆるトップ校は断念した，そんなタイプの学生が一定数集まってきているのだと思います（もちろん，英語もできる学生さんもいます）．

私の考えはこうです．

「そもそも，物理に興味を示す人類における割合はそれほど多くはない．当然，女性の中でも限られた人たちが強い興味を示す．そして，強い興味

を示す人はそれだけで高い素質を持っている．この人類にとって貴重な
この素質に比べて，英語力というのはあとからどうにでもなるという点も
考えると相対的には価値が低い」

と．

趣味と研究

　ほとんどの研究者は，研究することが好きだから研究者になっていると思い
ます．人間の趣味というものもその人が好きだからすることで，必然的に，趣
味と研究とは密接な関係があるように思います．私は，結構な凝り性でいくつ
かの趣味を持ってきました．その結果，趣味によってずいぶん研究能力が高め
られ，趣味を持っていることで，研究者になってたくさんの恩恵を被ってきた
と思っています．だから皆さんにも趣味を持つことを強くおすすめします．好
奇心をもってそれに熱中すること，それが人類の科学が進歩してきた原動力で
あり，そういった体験を幼少のころからすることはとても大事で，それには，
趣味を極めることがとても効果的だと思っているのです．

　私の場合は，小学生の頃の野球に真剣に取り組んだことと天体望遠鏡の反射
鏡の研磨を始めたことによって研究者魂が育まれたように思います．小学生
のときには野球少年で，リトルリーグに入り，キャッチャーをしていました．
プロ野球と同じ硬式ボールを使うので，プロテクター，レガース，マスクをす
る必要があり，夏は，暑くて大変でした．

　当時，阪神にいたキャッチャーで強打者の田淵幸一にあこがれていた私は，
小学生3,4年の頃に彼のバッティングの連続写真が載っていた本を買い，それ
を毎日穴のあくほど眺めて「研究」していました．そして，そのイメージ通り
に，バッティング練習を徹底的に行い，打撃力を高めていました．

　反射鏡の研磨においては，凹面鏡の面を回転放物面に仕上げる必要がありま
す．これは50ナノメートルの精度が要求される非常にデリケートな作業です
（ナノメートルは1ミリの100万分の1の長さの単位）．この作業が，研究と
とてもよく似ています．野球にせよ研磨にせよ，とにかく，根気良く，よく観
察して，何かしらの規則性を見つけて，少しずつ進んでいって，完成に持って

いくという点で，どちらにも学術研究の基本的精神が詰まっているのです．

　大学生からは，スキーに凝り，スキー教師の資格を取り，スキーを人に教えるという体験も随分しました．このスポーツを教えるということが，私は，実に，研究に似ているなと思います．自分の体を動かしてどのように感じるかは人それぞれです．そこで，いろいろな言葉をその人にかけて，反応を見る．そして，あるとき，その言葉がはまると，その人の動きがたちどころに良くなる．すると，すかさずほめて，その言葉を繰り返す．といった感じでしたが，これも，言葉がはまったときの感じは，研究の喜びにも似たところがあります．

　ところで，研究者として国際的に活動する際に，こうした趣味は研究能力を高めるという意味以外においてもとても役立ちました．国際会議では，参加者どうして食事をしたりする機会もあり，そうしたときに，ちょっとした話ができると，研究者の友人を作るのにとても役に立ちます．私の場合，祖父，叔母が画家だったので，幼少のころから絵に囲まれ，画集などにも親しんでいたことも，海外の研究者の友人を作るうえで，とても役立ちました．

　反射鏡の研磨の仕方なども（本書の読者にはおそらく専門的すぎると思いますので割愛しますが），研究者に話し出すと，10分くらいは私が話題をさらうことになります．

　最近では，リフトのない雪山を自分で登って好きなように滑る山スキーをはじめました．誰も踏み入っていない雪山を自分の力で登って，何も遮るもののない360度の視界を得て，そこから自由に滑る快感は，私にとって人生を変えるほどのもので，この新しい趣味もこれからの私の研究活動に大いに役立っていくでしょう．

　このようなことから，私は，国際人として活躍するためにも，研究力を高めるためにも，趣味を持って，徹底的に凝ることは，とても大切だと思っています．皆さんも，自分の好きなことに敏感になり，好きなことができたら，徹底的にのめりこんで極めてください！

8.5 物理学の楽しみ

　物理学は，他の芸術と多くを共有していることを述べ，その原動力として楽しいから，好きだからという点をあげました．ここでは，その点について掘り下げます．

　私が物理を研究している一番の理由は楽しいからです．もうすこし詳しく言うと，たとえば，学生の時分には，物理を教科書で学び，美しい世界に感動しました．最近では，他人の論文を読んでいて，素晴らしい！と感動したり，研究会で他人の講演を聞いて，素晴らしい！と感動したりして，自分でもああいう結果を出したい！と強い刺激を受けます．

　自分の研究室での学生さんとの議論の中で，取り組んでいる実験を支配する自然法則の見当がついてきて，その予測の正しさがじわじわと明らかになり，やがては，疑いの余地がなくなっていくプロセスも大好きです．もっぱら理論屋として研究していた頃には，同様の知的興奮を理論的な計算を通して得ていたものです．

　論文を書いていくプロセスで深い物理的理解に達し，それをなるべくわかりやすく緻密に展開してストーリーを仕立てることも大好きです．さらにそうして心血を注いで書き上げた論文を投稿して，レフェリーから手厳しい指摘を受け，それを胸に研究を続け，満足のいく結果を得て，あらたに論文を投稿して，ついにはレフェリーから絶賛の言葉を受けるのも最高です．

　同業者に研究の説明をしていると，目を輝かせて楽しそうに聞いてくれたり，素晴らしいと言ってくれたり，また，その結果として，研究発表を依頼してくれたり，自分のところに滞在してくれないかと言ってくれた瞬間もとても嬉しいものです．

　学生さんたちとともに探り当てた研究テーマに学生さんたちがのめりこんで，どんどんその才能が開花されていくのを目の当たりにすることもとても嬉しいことです（人間の才能は強いモティベーションでどんどん磨かれていくものだということを強く感じます）．

　もちろん，研究はいつもうまくとは限らず，苦労をたくさんするからうまくいったときの感動も格別です．

すでに書いたように，私には，こうした思いは，画家，音楽家などの芸術家たちと共通していると思われます．結局は，それが楽しいから，あるいは，先人が成し遂げた素晴らしいものを知り畏敬の念を抱き，自分もそれに近づきたいと思うことが原動力になっています．そして，発表の場を求め，人からの評価も強い刺激となって，さらにその仕事のレベルが洗練されていきます．そして，やがて後継者を育てるなどして，そのレベルが後世に伝えられ，後の発展の種となっていきます．

　このように人間が楽しいと思って綿々と紡いできて後世へ引き継がれていく人類にとってかけがえのないもの，それが文化，あるいは芸術そのものだと思います．だから，基礎科学も文化であり芸術なのです．ただ，他の文化の形態とは違い，特別の教育を受けた人でないとその面白さが味わえないという特殊性を持っています．その代わりに，すでにみたように，人間の日常生活を根本から変えてしまう技術の基礎を与える可能性を持っています．

　私がこのようなことを本当に身にしみて感じたのは，ドゥジェンヌ研究室に滞在するようになってからです．彼のまわりでは，大の大人が才能に恵まれた頭を突き合わせて眼の前の普通は見過ごしてしまうような些細な自然現象に徹底的にこだわり，子供が遊びに夢中になっているかのような真剣さで取り組んでいます．

　正直，日本にいると目先の経済活動に役立ちそうもないことをしていてもよいのだろうかという気分にもなります．しかし，パリに行って友人たちの研究室を訪ねると毎回，あー，こういうふうにしてていいんだ，という安心感をいつも覚えます．

8.6　基礎科学する心

　このことを感じてもらうには現地に研究者として訪問する機会を持つのが一番ですが，ここでは代わりに先人たちの言葉を引くので，先人たちがいかに楽しいから研究をしていたかを味わってください（私の研究室からは，長年にわたり，ほぼ毎年，数名の学生をパリの友人たちの研究室に送り込んで，このことを体験してもらっています）．

●ブーダン（画家）の言葉

Amusons-nous sur la terre et sur l'onde

Malheureux qui se fait un nom

Richesses, honneurs, faux eclats de ce monde

Tout n'est que bulles de savon

（La Souffleuse de Savon）

ブーダン （19世紀の画家）

海や山で楽しもう！

名声を得ることは不幸である

富，名誉，偽りの輝きは

いずれもシャボン玉のようなものだ

（シャボン玉遊び）

　この言葉はドゥジェンヌが自らのノーベル賞講演の最後に引いた言葉です．彼の晩年を直接に知る私としては，この言葉は，彼がノーベル賞受賞後も研究を楽しみ続けることを一番に生きていくことを宣言した言葉だと思っています．

●ニュートンの言葉

I do not know what I may appear to the world; but to myself I seem to have been only like a boy playing on the seashore, and diverting myself in now and then finding a smoother pebble or prettier shell than ordinary, whilst the great ocean of truth lay all undiscovered before （出典：*Brewster's Memoirs of Sir Isaac Newton*（1855））．

　（私は世界の人々が私をどのように見ているかはわからない．しかし，私自身は，海岸で遊びにふけっているただの少年にすぎないと思っている．そして，時々，普通よりも滑らかな小石を見つけたり，普通よりもきれいな貝殻を見つけたりするのだ．その一方で，私の前に，未発見の真理の大海が横たわっているのだ）

この言葉は，英語の学習のときに目にしたことのある人も多いのではないでしょうか？　やはり，楽しんで研究に取り組んできたということが感じ取れるのではないでしょうか？

●ドゥジェンヌの言葉

But what I need most is a simple impressionist vision of complex phe-
nomena, ignoring many details – actually, in many cases operating at
the level of scaling laws.

Thus, I tend to compare our community of soft-matter theorists to the
amateur painters of a hundred years ago – spending their Sunday after-
noons in the park, and capturing a few simple scenes – involving their
friends, their children, and those they love. I see no better style（既出書
Soft Interface より引用）.

この言葉の第 2 段落目以降は，195 ページに訳を示しました．原文でも味わってください．画家と同じように研究は楽しいから行っている，ということがうかがい知れるのではないでしょうか？

まとめ

このように偉大な科学者たちは，楽しいから研究をしてきました．役立つからではないのです．そしてそのような人間の芸術活動の産物が，ときとして，役に立つこともあるのです．一方，研究が楽しい，と思える人は，実は，それほどは多くないのかもしれません．何しろうまくいかないことの方が多いのです．でも，やはり自分は研究が面白い，と感じられることは，研究者にとって必要な素養であり才能です．そのように感じる人は，ぜひ，その才能を生かして，研究の道に進んでもらえたら，と思います．

おわりに：物理学の無限の可能性

　物理屋の多くはシンプルで美しくて普遍的なものが好きです．そしてそれ
はたいてい何らかの極限操作を通して現れます．高エネルギーの極限には，根
源を理解したい人間の欲求とともに素粒子の世界が広がっています．極微の
極限には，応用への可能性も大きく膨らませながら量子の世界が広がっていま
す．また，自由度が極限的に多くて，特定のパラメーターが臨界値に近い極限
では，驚くべき普遍性が顕（あらわ）になることもあります．

　ところが日常見られる現象や会社の製品開発や工場で起こっている厄介な
問題はどうでしょうか？　一見，物理屋には手も足も出ないような複雑な問題
に見えます．そのような問題につねにアンテナを張り，そこから新しい物理を
次々に創生していく．それが私が直接見たドゥジェンヌ先生の姿でした．彼の
柱となる戦略は，極限を考えて，そこをきちんと押さえて物理的本質をつかむ
ことでした．彼が実例をもって示してきたように，身近な現象や「泥臭い」現
象においても，実験パラメータの極限操作を意識的に行うことで，シンプルで
美しい物理的本質が明らかにできることも多いのです．彼はこの方法を絵画に
なぞらえて印象派の精神と呼びました．複雑な対象にこの方法で臨むことを実
によく形容していますが，方法論の本質は物理の正攻法ともいえるものです．

　私は，今後，ソフトマター物理学者をはじめとする多くの物理屋が，既成の
分野の概念にとらわれず，このような考え方で，多くの身の回りの現象や「泥
臭い」開発現場で問題になっている事柄にも取り組んでいき，物理の無限の可
能性が広く世界に示されることを願っています．これは物理屋の好むシンプル
で美しいものが身近な世界にも転がっていることを物理屋自身が認識するこ
とでもあります．この小さな本が，そのような将来の物理学者たちにとって，
その道へ進むきっかけとなることを期待しています．

あとがき

　2012年3月22日の朝日新聞の科学欄に私の顔写真とともに「印象派物理学」の文字が掲載された頃から，私たちの研究を一般の人々に伝える啓蒙書を書きたいとずっと思ってきました．しかし，数式を極力使わないという制約の下でずいぶん頑張ってみたものの，どうしても一番書きたい部分を書くことができずに何度も挫折していました．一方，その間に，高校生向けに話をする機会を何度も持ちました．その結果，最近では，私の話を聞いたことがきっかけとなり，お茶の水女子大学の物理学科にきてくれたという学生も毎年1名程度（学科の定員は20名程です），入学するようになってきてそれなりの手ごたえも得てきました．

　また，私たちの研究に興味を持ってくれる非専門家もちらほら現れ，2018年5月18日には日経新聞に顔写真入りの研究紹介もしていただきました．そんな経緯があった末に，日本評論社の佐藤大器さんからお話をいただき，高校生にわかるレベルのものならば数式を使ってもよいということになり，書き始めてみると一気に書くことができ，この啓蒙書が生まれました．きっかけを与えていただいた佐藤さんには深く感謝しています．

　また，吉川研一先生（京都大学名誉教授），岸根順一郎氏（放送大学教授），および，高井優衣さん（お茶の水女子大学数学科）には，原稿に目を通していただき，それぞれの立場から有益なコメントをいただき，本書に反映させていただきましたこと，感謝いたします．

　この本を書くにあたり，改めて，印象派物理学とは何だろうか，と考えてみました．そうして得た私の結論は，私にとっては「いかにも物理屋らしく感じる美学が貫かれている研究，それが印象派の物理だ」という思いを新たにしました．いわば，一般の人に物理屋の美学のイメージをうまく伝えることができる言葉，それが印象派なのだと．だから，何度か繰り返してきましたが，印象派物理は物理の正攻法であり，多くの物理学者が当たり前のように行っている研究手法の1つを表現しているに過ぎないと言えます．

　ここで，私が「いかにも物理屋らしく感じる美学」とは，美しくてシンプル

なものを求めて極限的な状況に着目し，そこから物理的な本質を理解しようとする姿勢です．これが印象派の精神です．これが「いかにも物理屋らしい」というのは第8章で示した現代物理学の歴史に重ねてみると納得していただけるでしょう．そして，このような精神をもって研究を進めると，スケーリング則がとても有効になることもすでに見てきたとおりです．

　私たちの研究グループは，このスケーリング則を得ることに特にこだわり，徹底している点は際立っているかもしれません．しかし，本書をきっかけに「印象派の精神」を一般の人が理解することで，この言葉が広い意味で「物理屋らしさ」を表す言葉として世の中に認識してもらえたらと思っています．そうしたら一般の方々の「物理学」に対するイメージがずいぶん変わると期待しています．

　この本では，私たちの研究を中心に紹介しました．しかし，物理学の分野ではいろいろな研究が，このような広い意味での「印象派の精神」を支えに行われています．ですから，この本をきっかけに，広く物理学に対する関心が高まることも期待しています．

　私は，本書が，中学・高校の物理教育に良い影響を与えることも期待しています．私は中学や高校の物理教育おいて，表面張力などの身近な題材がもっと積極的に使われるべきだと思っています．そして，次元に着目した議論を早い段階から導入することが重要であると確信しています．

　本書で紹介した「**実験してみよう**」に取り上げた実験はどれも小学生や中学生でも簡単にできるものばかりです．式を使わなくても，物理的な概念を子供たちの興味をひきながら説明するのは有益なことです（特に第6章に紹介した実験は準備も簡単です）．さらに，これを説明する道具として簡単な次元に基づいた議論まで立ち入れば，高校の教材としても適切でしょう．

　なお，訂正などの追加情報は適宜，本書のWebページ（1ページ参照）で発信していきます．

　最後になりますが，私は，この本を書くにあたり，改めて，多くの人の恩恵を受けてきたことに思い至りました．この本を書くことを通し，自分がこれまで歩んできた道を振り返り，多くの偶然の重なりを感じました．そして，キー

となる場面で，誰かに助言をもらったり，助けてもらったりしてきました．また，この本の内容の多くは，私の研究室に所属した学生たちが若いエネルギーを注いで打ち込んできた文化的な活動の結晶です．このようにお世話になった方々と学生さんには，文中や図中の参考文献でごく一部の方々の名前を載せたに過ぎません．ここで，こうした方々すべてに感謝をして筆を置きます．

2019 年 9 月 14 日　奥村 剛

参考文献

　私たちの研究については，図のキャプションに参考文献がたどれる URL を記しました．「ア
クセスフリー」という，だれでも自由にダウンロードできるものも多いので，ぜひ，挑戦して
みてください．以下には，ドゥジェンヌ先生自身の著書と先生の影響を強く受けているフラン
スの書籍に限って紹介します．

　ドゥジェンヌ先生が，ノーベル賞を受賞したあと，フランスの各地の高校を訪ねて行った講
演をまとめた書籍として，[1] があります．現在は，残念ながら絶版のようです．図書館等で
は手にすることができるでしょう．

[1] ドゥジェンヌ著，西成勝好・大江秀房訳『科学は冒険！——科学者の成功と失敗，喜びと
苦しみ』（講談社ブルーバックス，1999）

　表面張力の物理については，大学初年級から読むことのできる教科書として，[2] がありま
す．第 2 版からムービーの入った CD が付いていますので，ぜひ，ご覧ください．

[2] ドゥジェンヌ・ブロシャール・ケレ著，奥村剛訳『表面張力の物理学——しずく，あわ，み
ずたま，さざなみの世界』CD 付き第 2 版（吉岡書店，2008）

　高分子の物理については，大学中級向け以上の教科書として [3] があります（大学の統計物
理の基礎が必要）．訳者序には，統計力学の研究で著名な久保先生の言葉による，ドゥジェンヌ
先生の高い評価が記されています．

[3] ド・ジャン著，久保亮伍監修・高野宏・中西秀共訳『高分子の物理学——スケーリングを中
心にして』（吉岡書店，POD，2004）

　この他，ドゥジェンヌ先生の日本語訳されている教科書としては [4] もあります．原著の方
が手に入りやすいでしょう．

[4] ドゥジェンヌ著，渋谷喜夫・青峰隆文・高山哲信共訳『金属および合金の超伝導』（養賢堂，
1975）

[5] P.G. de Gennes (translated by P.A. Pincus), Superconductivity of Metals and Alloys
(Perseus books, 1999)

　ドゥジェンヌ先生による液晶の物理学の有名な教科書もあります．こちらは翻訳されていま
せん．

[6] P.G. de Gennes and J. Prost, The Physics Of Liquid Crystals, 2nd Ed. (Oxford Univ.
Press, 1993)

　私が物理における印象派という言葉に初めて出会った原著は [7] です．この本の Conclusions
という章に Two remarks on style と題する小節がありますので，ぜひ原文にふれてください．

[7] P.G. de Gennes, Soft Interface (Cambridge Univ. Press, 1997)

　写真集や美術書のような感覚で楽しめる一般人向けの流体力学の本として [8] があります．

[8] E. Guyon, J-P. Hulin, and L. Petit, Ce que disent les fluids (Belin, 2005)

　Guyon がリードして，コレージュ・ド・フランスでドゥジェンヌの影響を強く受けて育った
若手たちが中心にまとめあげた，やはり写真集や美術書のように楽しめる日常の物理に関する

啓蒙書として［9］もあります．

［9］É Guyon, J. Bico, É Reyssat, and B. Roman, Du merveilleux caché dans le quotidien: La physique d'élégance（Flammarion, 2018）

　また，［10］，［11］の 2 冊も拙訳ですが大学初級から挑戦できる本です．

［10］J. デュラン著，中西秀・奥村剛共訳『粉粒体の物理学——砂と粉と粒子の世界への誘い』（吉岡書店，2002）

［11］カンタ，コーエン・アダ，エリア，グラナー，ヘラー，ピトワ，ルイエ，サン・ジャルム著，奥村剛監訳 梶谷忠志・武居淳・竹内一将・山口哲生共訳『ムースの物理学——構造とダイナミクス』（吉岡書店，2016）

アルファベット

cS · 97
ESPCI · 54
MKS 単位系 · · · · · · · · · · · · · · · · 11
mN · 65
mPa · 97
ms · 26
μm · · · · · · · · · · · · · · · · · · 109, 153
μs · 109

あ

アボガドロ数 · · · · · · · · · · · · · 56, 178
異常次元 · · · · · · · · · · · · · · · · 33, 49
一次転移 · · · · · · · · · · · · · · · · · 40
一般相対性理論 · · · · · · · · · 174, 185
印象主義 · · · · · · · · · · · · · · · 55, 57
印象派物理学 · · · · · · · · · · · · 53, 179
印象派物理学の基本的な精神 · · · · · 6, 17
ウィルソン · · · · · · · · · · · · · · · · 48
液晶 · 51
液体の表面エネルギー · · · · · · · · · · 75
エディター · · · · · · · · · · · · · · · · 22
エネルギーバランス · · · · · · · · · · · 144
応力 · · · · · · · · · · · · · · · · · 136, 137
応力集中 · · · · · · · · · · · 135, 136, 147
オーダー · · · · · · · · · · · · · · · · 7, 32

か

界面エネルギー · · · · · · · · · · · 74, 79
界面活性剤, 界面活性剤分子 · · · · · · 92
界面張力 · · · · · · · · · · · · · · · 77, 79
確率論的 · · · · · · · · · · · · · · · · · 172
ガラス転移 · · · · · · · · · · · · · · · 126
慣性項 · · · · · · · · · · · · · · · · · · 96
慣性・粘性クロスオーバー · · · · · · · 100
慣性領域 · · · · · · · · · · · · · · 99, 100
気液界面 · · · · · · · · · · · · · · · · · 75
気液共存状態 · · · · · · · · · · · · · · 43

気液相転移 · · · · · · · · · · · · · · · · 44
気液臨界, 気液臨界点 · · · · · · · 43, 44
規格化 · · · · · · · · · · · · · · · · · · 46
規格化因子 · · · · · · · · · · · · · · · · 46
気固界面 · · · · · · · · · · · · · · · · · 75
強磁性相転移 · · · · · · · · · · · · · · · 40
共存 · · · · · · · · · · · · · · · · · · · 43
極限値 · · · · · · · · · · · · · · · · · · 59
極限に着目 · · · · · · · · · · · · · · · · 17
切り紙 · · · · · · · · · · · · · · · · · · 140
空間対称性 · · · · · · · · · · · · · · · · 48
空間と時間の統一 · · · · · · · · · · · 173
駆動力 · · · · · · · · · · · · · · · · 99, 103
クモの巣 · · · · · · · · · · · · · · · · · 162
繰り込み群 · · · · · · · · · · · · · · · · 47
繰り込み群理論 · · · · · · · · · · · · · 48
グリフィス · · · · · · · · · · · · · 142, 144
グリフィス欠陥 · · · · · · · · · · 145, 149
クロスオーバー · · · · · · · · · · · · · 101
ゲージ不変性 · · · · · · · · · · · · · · 175
決定論的 · · · · · · · · · · · · · · · · · 172
高エネルギー物理学 · · · · · · · · · · 176
高分子 · · · · · · · · · · · · · · · · · · 39
固液界面 · · · · · · · · · · · · · · · · · 75
固液界面のエネルギー · · · · · · · · · 75
固体電子論 · · · · · · · · · · · · · 179, 185
固体の表面エネルギー · · · · · · · · · 75
古典統計力学 · · · · · · · · · · · · · · 182
古典力学 · · · · · · · · · · · · · · · · · 169
コレージュ・ド・フランス · · · · · · · 50

さ

座屈 · · · · · · · · · · · · · · · · · · · 140
座屈転移 · · · · · · · · · · · · · · · · · 140
散逸エネルギー · · · · · · · · · · · · · 107
三重線 · · · · · · · · · · · · · · · · · · 77
時空の統一 · · · · · · · · · · · · · · · 174
軸を取り直す · · · · · · · · · · · · · · · 10

次元 ・・・・・・・・・・・・・・・ 11
自己相似，自己相似性 ・・・・・・・ 33, 35
自己相似動力学 ・・・・・・・・・・ 35
指数法則 ・・・・・・・・・・・・・ 106
滴の融合 ・・・・・・・・・・・・・ 103
自発磁化 ・・・・・・・・・・・・・ 42
写実主義 ・・・・・・・・・・・・・ 56
ジャミング転移 ・・・・・・ 126, 128, 130
修士課程 ・・・・・・・・・・・・・ 169
収斂 ・・・・・・・・・・・・・・・ 8
シュレディンガー方程式 ・・・・・ 172, 173
常用対数 ・・・・・・・・・・・・・ 17
真珠層 ・・・・・・・・・・・・ 55, 153
親水基 ・・・・・・・・・・・・・・ 92
水圧 ・・・・・・・・・・・・・・・ 85
スケーリング仮設 ・・・・・・・・・ 35
スケーリング則 ・・・・・・・・ 13～15, 58
スケーリングレベルでの議論 ・・・・ 86
スケール分離 ・・・・・・・・・・・ 33
ストークスの抵抗則 ・・・・・・ 97, 126
静力学 ・・・・・・・・・・・・・・ 61
積分 ・・・・・・・・・・・・・・・ 95
接触角 ・・・・・・・・・・・・・ 76～79
接触線のピン止め ・・・・・・・・・ 91
線形弾性体 ・・・・・・・・・・・・ 137
センチストークス ・・・・・・・ 28, 97
栓流 ・・・・・・・・・・・・・・・ 108
相関長 ・・・・・・・・・・・・・・ 48
相互作用 ・・・・・・・・・・・・ 40, 47
相対性理論 ・・・・・・・・・・・・ 172
相対論的量子力学 ・・・・・・・・・ 175
相転移 ・・・・・・・・・・・・・・ 40
相転移現象 ・・・・・・・・・・・・ 178
疎水基 ・・・・・・・・・・・・・・ 92
ソフトマター ・・・・・・・ 39, 51, 52
ソフトマター物理学 ・・・・・・ 181, 186
素粒子物理学 ・・・・・・・・・・・ 175
素粒子理論 ・・・・・・・・・・・・ 185

た

大学院 ・・・・・・・・・・・・・・ 169

対称性 ・・・・・・・・・・・・・・ 175
対称性の破れ ・・・・・・・・・・・ 48
帯磁率 ・・・・・・・・・・・・・・ 43
対数関数 ・・・・・・・・・・・・・ 17
対数軸 ・・・・・・・・・・・・・ 32, 36
弾性解放エネルギー ・・・・・・・・ 144
弾性率 ・・・・・・・・・・・・・・ 137
弾性論 ・・・・・・・・・・・・・・ 181
秩序 ・・・・・・・・・・・・・・ 41, 47
秩序・無秩序転移 ・・・・・・・・・ 47
テイラー・コーン ・・・・・・・・・ 119
データコラプス ・・・・・・・・・ 10, 30
電弱統一理論 ・・・・・・・・・・・ 176
統計物理学 ・・・・・・・・・・ 177～179
統計力学 ・・・・・・・・・ 47, 177, 182
動粘度 ・・・・・・・・・・・・・・ 28
動力学 ・・・・・・・・・・・・・・ 95
特異点 ・・・・・・・・・・・・・・ 25
特殊相対性理論 ・・・・・・・・・・ 173
特徴づける長さ ・・・・・・・・・・ 6
特徴づけるパラメータ ・・・・・・・ 28
トポロジー ・・・・・・・・・・・・ 24

な

長さスケールの分離 ・・・・・・・ 6, 17
ナビエ-ストークス方程式 ・・・・・ 95
南部陽一郎 ・・・・・・・・・・・・ 49
二次転移 ・・・・・・・・・・・・・ 40
ニュートンの運動方程式 ・・・・・・ 95
熱運動 ・・・・・・・・・・・・・・ 41
ネック ・・・・・・・・・・・・ 23, 103
熱揺らぎ ・・・・・・・・・・・・・ 48
熱力学 ・・・・・・・・・・・・・・ 182
熱力学転移 ・・・・・・・・・・・・ 40
粘性領域 ・・・・・・・・・・・ 99, 100
粘性力 ・・・・・・・・・・・・・・ 96
粘弾性論 ・・・・・・・・・・・・・ 181
粘度 ・・・・・・・・・・・・・・ 25, 28

は

ハイゼンベルグ方程式 ・・・・・・・ 172
破壊応力 ・・・・・・・・・・・ 142, 144

破壊強度 ・・・・・・・・・・・・・ 142
破壊靭性 ・・・・・・・・・・・・・ 144
破壊表面 ・・・・・・・・・・・・・ 144
破壊表面エネルギー ・・・・・・・・ 144
破壊力学 ・・・・・・・・・・ 142, 146
博士課程 ・・・・・・・・・・・・・ 169
薄膜 ・・・・・・・・・・・・・・・ 120
薄膜形成 ・・・・・・・・・・・・・ 120
バックリング ・・・・・・・・・・・ 140
場の理論 ・・・・・・・・・・・・・ 176
バブル ・・・・・・・・・・・・ 1, 25
バブルの破裂 ・・・・・・・・・・・ 121
パリ市立物理化学工業高等大学・・・・・ 54
ピアレビュー ・・・・・・・・・・・ 21
引きちぎれ ・・・・・・・・・・・・ 23
微細加工表面 ・・・・・・・・・・・ 131
比熱 ・・・・・・・・・・・・・・・ 43
微分 ・・・・・・・・・・・・・・・ 95
標準理論 ・・・・・・・・・・ 175, 176
表面エネルギー ・・・・・・・ 61, 66, 67
表面張力 ・・・・・・・・・・ 61, 66, 67
フェムト ・・・・・・・・・・・・・ 190
フックの法則 ・・・・・・・・・・・ 5
物性物理 ・・・・・・・・・・・・・ 185
物性物理学 ・・・・・・・・・・・・ 177
物性理論 ・・・・・・・・・・・・・ 178
物理の正攻法 ・・・・・・・・ 157, 203
普遍性 ・・・・・・・・・・・・ 33, 39
普遍的 ・・・・・・・・・・・・・・ 33
不連続転移 ・・・・・・・・・・・・ 40
分子科学 ・・・・・・・・・・・・・ 190
分子分光理論 ・・・・・・・・・・・ 190
分離現象 ・・・・・・・・・・・・・ 28
粉粒体 ・・・・・・・・・・・・ 52, 191
粉粒体中での抵抗則 ・・・・・・・・ 126
べき指数 ・・・・・・・・・・・ 13, 58
べき乗，べき乗則 ・・・・・・・・・ 13
ベクトル ・・・・・・・・・・・・・ 50
ヘレ・ショウのセル ・・・・・・・・ 26
ポアズイユ流，ポアズイユの流れ・ 71, 99
本質的破壊応力 ・・・・・・・・ 145, 149

ま
マイクロ秒・・・・・・・・・・・・・ 109
マイクロメートル ・・・・・・・・・ 109
マクスウェルの方程式・・・・・・ 168, 174
マスターカーブ ・・・・・・ 10, 31, 101, 102
マルチスケールの問題 ・・・・・・・ 159
ミクロン ・・・・・・・・・・・・・ 153
ミセル構造 ・・・・・・・・・・・・ 92
ミリニュートン ・・・・・・・・・・ 65
ミリパスカル ・・・・・・・・・・・ 97
ミリ秒 ・・・・・・・・・・・・・・ 26
無次元化 ・・・・・・・・・ 9, 31, 101
無秩序 ・・・・・・・・・・・・・・ 41
毛管現象 ・・・・・・・・・・・・・ 84
毛管上昇 ・・・・・・・・・・・ 84, 98
毛管数 ・・・・・・・・・・・・・・ 125
毛管接着 ・・・・・・・・・・・・・ 80
毛管長 ・・・・・・・・・・ 83, 86, 125
毛管力 ・・・・・・・・・・・・・・ 84

や
ユニバーサリティ ・・・・・・・・・ 42
ユニバーサリティクラス ・・・・・・ 45
揺らぎ ・・・・・・・・・・・・・・ 41

ら
ラプラス圧・・・・・・・・ 66, 68, 70, 72
力学的エネルギー ・・・・・・・・・ 68
粒子性と波動性 ・・・・・・・・・・ 172
流体力学 ・・・・・・・・・・・・・ 181
量子色力学 ・・・・・・・・・・・・ 176
量子電磁力学 ・・・・・・・・・・・ 175
量子統計物理学 ・・・・・・・・・・ 179
量子統計力学 ・・・・・・・・・・・ 182
量子統計理論 ・・・・・・・・・・・ 179
量子場の理論 ・・・・・・・・ 175, 179
量子力学 ・・・・・・・・・・・・・ 172
両対数軸 ・・・・・・・・・・・ 12, 18
理論に従って軸を取り直す ・・・ 8, 10
臨界圧力 ・・・・・・・・・・・・・ 43
臨界温度 ・・・・・・・・・・・ 42, 44

臨界現象 ・・・・・・・・・・・・ 33, 35, 40, 178
臨界指数 ・・・・・・・・・・・・・・・・・・ 43
レビューアー・・・・・・・・・・・・・・・・ 21
レフリー ・・・・・・・・・・・・・・・・・・ 21
連続体・・・・・・・・・・・・・・・・・・・ 148
連続体力学・・・・・・・・・・・・・・・・ 181
連続体理論・・・・・・・・・・・・・・ 149, 181
連続転移 ・・・・・・・・・・・・・・・・・・ 40

わ
ワインバーグ–サラム理論・・・・・・・・ 176

奥村 剛（おくむら・こう）

1967年7月生まれ．1990年慶應義塾大学卒業（物理学科）．同大学院・ニューヨーク市立大学大学院を経て，1994年分子科学研究所助手．2000年お茶の水女子大学助教授，2003年同教授となり現在に至る．1999-2003年にかけ13か月間，コレージュ・ド・フランスで研究．主な専門は，ソフトマター物理学．博士（理学）．翻訳書に，『粉粒体の物理学——砂と粉と粒子の世界への誘い』（共訳），『表面張力の物理学——しずく，あわ，みずたま，さざなみの世界』（単訳），『ムースの物理学——構造とダイナミクス』（監訳）（いずれも吉岡書店）がある．

印象派物理学入門 日常にひそむ美しい法則
2020年1月15日　第1版第1刷発行

著　者	奥村 剛
発行所	株式会社日本評論社
	〒170-8474　東京都豊島区南大塚3-12-4
	電話 (03) 3987-8621 [販売]
	(03) 3987-8599 [編集]
印　刷	藤原印刷
製　本	難波製本
ブックデザイン	原田 恵都子（Harada + Harada）